CONTROL DE OLORES EN DEPURACIÓN DE AGUAS RESIDUALES

Eduardo Zarca Díaz de la Espina

ISBN - 13: 978-84-616-9699-4
Primera edición, 2014
Cubierta: Manuel Manzano. Revisión: Luis Fernando Zarca
Colabora: Colegio de Ingenieros Industriales de Andalucía Oriental

Cuando mides, entiendes;

cuando entiendes, controlas;

cuando controlas, mejoras;

cuando mejoras, consigues tu objetivo.

Deming (1994).

ÍNDICE

APÉNDICES

PRÓLOGO

En España disfrutamos de un plácido clima, con temperaturas elevadas durante gran parte del año. La mayor parte de la población se concentra en ciudades que se estiran a lo largo de la costa. Cada vez cuidamos más la calidad de nuestras aguas, construimos más depuradoras y ampliamos nuestras redes de saneamiento. Las depuradoras generalmente se sitúan alejadas de los núcleos urbanos, donde los terrenos son más baratos y se evitan las molestias a la población. Los sistemas de saneamiento han de sobredimensionarse para la capacidad punta de la población estacional que nos visita en verano y los colectores han de encadenar sucesivos bombeos para llevar el agua residual a su tratamiento, después de un largo tiempo de recorrido. Por otra parte, la escasez de agua y la creciente concienciación del ahorro están generando una reducción en las dotaciones y, consecuentemente, efluentes cada vez más concentrados. En las redes de saneamiento de la franja litoral el aislamiento del mar resulta casi imposible; las intrusiones y los vertidos ilegales aportan sulfato a las aguas residuales.

Si bajamos al subsuelo y entramos en las alcantarillas veremos que todos estos aspectos (la carga contaminante, el sulfato, el calor y el tiempo de retención), como bien explica esta guía, han creado las condiciones idóneas para que se generen los compuestos malolientes. Si subimos a superficie vemos que las poblaciones crecen y crecen y se acercan a las EDAR, ya no tan lejanas, y el turismo (en parte potenciador del problema) es un usuario especialmente sensible al que debemos proteger.

Con este panorama no es raro que para muchos gestores los olores sean el principal problema en la explotación de sus instalaciones y si alguna vez llegan a superarlo, normalmente es a costa de elevadas inversiones y continuos gastos en desodorización. Resulta sorprendente, sin embargo, que todavía estos aspectos no sean considerados en toda su magnitud por las distintas instituciones. A pesar de que probablemente seamos uno de los países donde esta problemática esté más extendida, no contamos con grupos de investigación puntera en la materia. A la hora de definir las soluciones técnicas a un saneamiento en muchos casos estos aspectos son completamente desatendidos, cuando son las decisiones tomadas en esta fase las que determinarán si en el futuro tendremos o no condiciones propicias para la generación de olores y los posibles remedios que podrán adoptarse.

Todos los técnicos que por nuestros medios hemos tenido que enfrentarnos con el problema somos muy conscientes de la gran utilidad que tiene disponer, por fin, de una publicación en español, que revise todos los aspectos a tener en cuenta y facilite su comprensión. La guía que aquí se presenta ayuda a comprender cómo y por qué se generan los compuestos olorosos, los procedimientos para medirlos y las técnicas para disminuir su producción, realizar la captación y reducir su emisión. Tiene la virtud, además, de tener unas dimensiones reducidas a pesar de la amplitud de sus contenidos, lo cual se consigue gracias a un esfuerzo de síntesis que apunta directamente a la esencia de los diferentes aspectos que un técnico en saneamiento necesita conocer.

Para mi resulta doblemente gratificante presentar esta guía porque su autor, Eduardo Zarca, lleva muchos años impartiendo esta temática en el Curso sobre Tratamiento de Aguas Residuales y Explotación de Estaciones Depuradoras que organizamos en el CEDEX y con esta publicación va a permitir que ese conocimiento que año tras año transfiere a nuestros alumnos sea accesible para un público mucho más amplio.

Ignacio del Río Marrero
Jefe del Área de Tecnologías del Agua
del Centro de Estudios Hidrográficos del CEDEX

INTRODUCCIÓN

El olor es considerado como la sensación molesta que una persona tiene a un gas, lo que es complejo de interpretar al influir la percepción que se tiene, teniendo pues su medida cierta subjetividad. No obstante, el gas como conjunto de compuestos químicos sí puede analizarse, discutiéndose el método y la instrumentación que son más adecuados para hacerlo.

Durante años este tipo de contaminación ha sido tratada legalmente de una forma genérica, estableciendo únicamente limitaciones a las distancias que debieran situarse las industrias causantes de la polución; en la actualidad esto no es así.

La experiencia del sector del ciclo integral del agua, junto a la mayor concienciación ciudadana hacia el tipo de olor generado en el agua residual (huevos podridos), ha servido como campo de experimentación para el desarrollo tecnológico en la materia.

El problema en las instalaciones de depuración y saneamiento viene dado principalmente por la degradación del agua en ausencia de oxígeno, lo que genera sulfhídrico (H_2S) que tiene un nivel de reconocimiento muy bajo (5 ppb) al olfato. La química de este proceso nos enseña cómo es su producción en estado líquido. El conocimiento de las teorías sobre emisión y dispersión del gas contaminante son determinantes para tener una visión completa de la molestia que se puede causar y las posibilidades de mantenerla relativamente bajo control.

De estas teorías se deducen como causas principales de generación los excesivos tiempos de retención del agua residual y la perdida de energía por agitación en el estado líquido. Es prácticamente imposible limitar a cero el nivel de H_2S en el agua, pero podemos hacer que su valor este por debajo de 2 ppm o lo que es lo mismo que los mg que escapen de este medio sea pocos y en consecuencia su emisión. Asumida la presencia de estos compuestos en el agua, el diseño de las plantas e instalaciones, y la captación y tratamiento que se le dé al gas son claves en la minimización del impacto.

Los procesos en estas instalaciones son complejos y los niveles de generación en ellos diferentes. De esta forma habrá fases que estarán confinadas y tratadas en un sistema de depuración, frente a otras que no lo estén por ser menos problemáticas. Lo que ha ocurrido tradicionalmente, es que dadas las inversiones necesarias y su mantenimiento no se efectuaba el cubrimiento en su totalidad. En consecuencia se ocasionaba molestia. Las condiciones climatológicas influyen en ésta, principalmente por el movimiento del aire del entorno y la configuración topográfica. Cualquier circunstancia que estratifique el aire contaminado situándolo cercano a la superficie terrestre hace que éste permanezca en el tiempo.

En la red de colectores el problema es principalmente su largo recorrido, el diseño sobredimensionado como colector unitario, y su incorrecta ejecución durante años, causando depósitos, gases y escapes. El diseño de la red interior de los edificios o las prácticas de mantenimiento en las injerencias, puede provocar que los olores no solo no salgan por el techo de éstos sino que introduzcan otros de la red general.

Como se ha comentado, el sector ha sido precursor de todo tipo de soluciones divididas en dos grandes líneas: la prevención por actuaciones tendentes a la minimización de la generación de estos compuestos y el tratamiento en instalaciones de desodorización. En este último caso han aparecido recientemente tecnologías basadas en la depuración biológica, siendo muy económicas de mantener y con escasa repercusión de vertidos y emisión.

Si bien es complejo el análisis de un problema de olor, éste puede ser controlado realizando el debido seguimiento. Esto conlleva una evaluación basada en la medición (lo que no se mide no se puede controlar, y mejorar en consecuencia), preferentemente con monitores en continuo ya que el problema no es una foto fija, sino que varía en el tiempo, por días y estaciones del año. Para un foco industrial donde la caracterización química es compleja y el muestreado de olor es simple, la modelización por software de dispersión da una buena estimación del impacto y su control. Sin embargo, en las instalaciones de depuración y saneamiento es más efectivo medir y controlar el H2S, más si tenemos en cuenta el importante desarrollo que han tenido los equipos de medida directos y su software asociado.

Después de realizar el diagnóstico es necesario tratar este asunto como uno más, al nivel que pueda estar la limitación legal de los vertidos de agua tratada, por lo que conllevará un programa específico donde se establezcan los objetivos y los medios para alcanzarlos. Existe conocimiento, lo que hay que mejorar es el desarrollo tecnológico y trabajar en la integración de sistemas y su gestión.

En los próximos años es previsible un incremento de la presión legal. La amenaza de creación de reglamentos específicos sobre olores, la inclusión de las EDAR en la IPPC, o la consideración del olor como agente contaminante constituyen algunos riesgos legales que hay que valorar. El último ha sido el caso más claro de los que han aparecido en el marco legal español: la norma UNE-EN 13725 (olfatometría de dilución dinámica) se ha constituido como método de referencia estándar de medición según el Decreto 239/2011 en Andalucía.

CAPÍTULO 1

FUENTES Y NATURALEZA DE LOS OLORES

1. FUENTES Y NATURALEZA DE LOS OLORES

En las instalaciones de depuración existen diferentes tipos y fuentes de contaminación por olores (Fig. 1). Por lo general, los compuestos causantes de estas emanaciones son producidos durante el transporte y tratamiento del agua residual urbana, a causa de la degradación biológica de la materia orgánica en condiciones anaerobias.

No obstante, las aguas residuales industriales también contienen componentes malolientes y las operaciones de tratamiento en la planta depuradora, al desarrollarse en entornos anaeróbicos, pueden generar nuevos gases o incrementar los existentes.

La gama de compuestos orgánicos volátiles (COVs) e inorgánicos disueltos que pasan al ambiente en las instalaciones de depuración es muy amplia. La mezcla de gases contiene así:

- Hidrocarburos alifáticos, aromáticos y clorados de agentes de limpieza usados en las casas (tolueno, derivados aromáticos del benceno, xileno, etc.).
- Disolventes (hidrocarburos clorados)
- Derivados del petróleo (benceno)
- Olores asociados a residuos humanos como la urea y el escatol e indol de las heces.
- Olores y gases generados durante el transporte y tratamiento como sulfuros, aminas, aldehídos, CO_2, etc.

Las descargas de disolventes e hidrocarburos tienen una baja solubilidad y pueden desprenderse en los colectores, bombeos y aireaciones. También pueden adsorberse en el fango primario y salir durante los procesos de digestión anaerobia o de calentamiento. Otros compuestos pueden incrementar el potencial de generación de olores aguas abajo del proceso.

De los compuestos malolientes cabe destacar el sulfuro de hidrógeno (H_2S), proveniente principalmente de la sulforreducción de los sulfatos presentes en el agua, y el amoniaco (NH_3) de los compuestos nitrogenados.

En los colectores, al objeto de soportar energéticamente a los microorganismos existentes (bacterias), se produce la degradación de la materia orgánica por oxidación ("respiración"). El oxígeno, los nitratos y en último término los sulfatos van aceptando electrones sucesivamente, para dar lugar este último al H_2S.

Además de lo expuesto, se presentan reacciones de fermentación (hidrólisis, acidogénesis y proteólisis) que también son fuente de energía. Con pocos sedimentos se obtendrán ácidos grasos volátiles y CO_2.

En consecuencia, en la descarga de colectores tendremos de forma predominante sulfuros y, en menor cantidad, gases y vapores (mercaptanos, aminas, aldehídos y ácidos orgánicos grasos) de los procesos anaerobios e hidrocarburos (tricloroetileno, dicloroetileno, hidrocarburos alifáticos) Hvitved et al. (2002). La presencia del CO_2 es consecuencia de la actividad microbiológica de degradación de la materia orgánica por la fermentación. La proporción de los gases y vapores odoríferos mencionados con el H2S es de (1 a 50/100), lo que da una idea de la importancia de este compuesto.

En el agua bruta el impacto por olor de los productos producidos por fermentación es pequeño comparado con el H2S. Sin embargo, para la planta de tratamiento, puede ser la principal fuente de olor por los fangos que son almacenados y los licores resultantes de los espesamientos y el secado. Los sulfuros son los responsables principales del ennegrecimiento de las aguas residuales y de los fangos, debido a la formación de sulfuro ferroso y otros metálicos de este color.

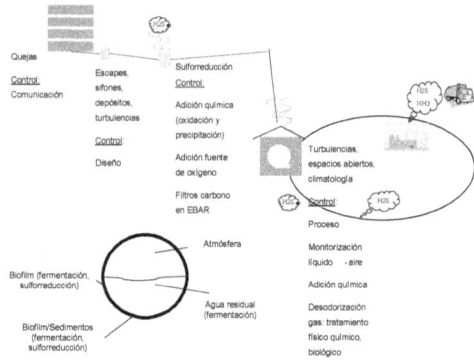

Fig. 1. Fuentes de emisión

El fango primario contiene productos fermentados como ácidos grasos volátiles (ácido acético, butírico, propílico, láctico) y además se pueden crear más con el incremento de los tiempos de retención. La producción de estos compuestos ácidos puede llevar al fango primario a un pH menor de 5,5. Esta condición aumenta en consecuencia el desprendimiento de sulfhídrico y sulfuros orgánicos.

En la digestión, la bacteria metanogénica opera en el rango de la sulforreductora convirtiendo rápidamente los ácidos grasos volátiles a metano en competencia con la otra. Al realizarse la sulforreducción de manera simultánea, el biogás contendrá concentraciones significativas de H2S y otros sulfuros orgánicos como el dimetil sulfuro.

El mal olor de los fangos se debe principalmente a la actividad residual de la propia digestión y a la emisión del biogás que contiene. Los olores aparecen a menudo durante el secado y la disposición del fango. Éste puede contener amoniaco y otros compuestos nitrogenados, además de sulfhídrico, que se manifestarán durante el proceso de escurrido. Otros problemas frecuentes de olores están asociados al arranque o dificultades de los digestores. Así, la pérdida de metanogénesis puede dar lugar a la formación de altas concentraciones de sulfhídrico y ácidos volátiles grasos.

Al igual que la metanogénesis, la oxidación consigue reducir los olores al formar otros productos: por un lado se dan reacciones bioquímicas que inhiben la sulforreducción, y por otro las oxidaciones químicas y biológicas durante el proceso transforman los compuestos malolientes que se han producido (pasando a ácido sulfúrico, nitratos y dióxido de carbono).

Por último, conviene tener presente en todo este escenario a las aguas industriales, especialmente cuando presentan sulfuros o facilitan las reacciones de generación de olores a causa del bajo pH, alta temperatura o alta carga DBO, salvo que se trate de vertidos que contengan metales, en cuyo caso pueden facilitar la creación de sales que precipitaran con estos compuestos y por consiguiente ayudan a su eliminación.

Como ejemplos de procesos problemáticos encontramos los del aceite y curtido (altos sulfuros 7 mg/l y DBO), y los de refinerías de petróleo que pueden dejar contaminantes (hasta 2 mg/l de H2S), por el pH bajo y DBO alta.

En las plantas de tratamiento de aguas residuales hay distintas fuentes y procesos de emisión de compuestos olorosos. Cada foco puede subdividirse en otros más elementales caracterizados por su ratio de emisión (g/s/m²), su tipo de superficie y los compuestos emitidos.

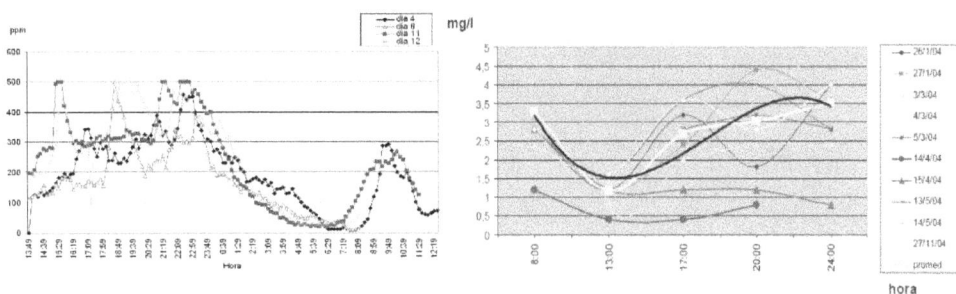

Fig. 2. Variabilidad del compuesto H2S como emisión de gas y en estado líquido según día y hora

Por otra parte, existe una oscilación en el tiempo de las emisiones producidas según las características del proceso de producción (Fig. 2). En general, estas tienen una fluctuación en el tiempo que es constante en largos periodos y variable en un día con un perfil determinado. Además, las condiciones meteorológicas están en continuo cambio, jugando un papel predominante en el impacto ambiental producido.

Los límites de detección de los compuestos varían, siendo en algunos casos muy bajos, por lo que aunque los valores medios no se detecten sí lo pueden ser los picos producidos.

Sulfuros de hidrógeno		
Sulfuro de hidrógeno	H2S	Huevos podridos
Sulfuro de dimetilo	(CH3)2S	Vegetales en descomposición, ajo
Dietil sulfuro	(C2H5)2S	Nauseabundo, etéreo
Sulfuro de difenilo	(C6H5)2S	No agradable, goma quemada.
Dailil sulfuro	(CH2CHCH2)2S	Ajo
Disulfuro de carbono	CS2	Vegetales en descomposición
Disulfuro de dimetilo	(CH3)2S2	Putrefacción
Metil mercaptano	CH3SH	Repollo, ajo
Etil mercaptano	C2H5SH	Repollo en descomposición
Propil mercaptano	C3H7SH	No agradable
Butil mercaptano	C4H9SH	No agradable
tButil mercaptano	(CH3)3CSH	No agradable
Allyl mercaptano	CH2CHCH2SH	Ajo
Crotyl mercaptano	CH3CHCHCH2SH	Mofeta, rancio
Benzyl mercaptano	C6H5CH2SH	No agradable
Tiocresol	CH3C6H4SH	Mofeta, rancio
Tiofenoles	C6H5SH	Putrefacción, nauseabundo,
Dióxido de sulfuro	SO2	Ácido, agrio, irritante

Nitrogenados		
Amoniaco	NH3	Ácido, acre
Metil amina	CH3NH2	Pescado
Dimetil amina	(CH3)2NH	Pescado
Trimetil amina	(CH3)3N	Pescado podrido, amoniacal
Etil amina	C2H5NH2	Amoniacal
Dietil amina	(C2H5)2 NH2	Pescado
Trietil amina	(C2H5)3N	Pescado urea
Diaminas	NH2(CH2)5NH2	Comida en descomposición
Piridina	C6H5N	Desagradable, irritante
Indol	C8H6NH	Fecal, nauseabundo
Escatol	C9H8NH	Fecal, nauseabundo
Acidos		
Acetico	CH3COOH	Vinagre
Butirico	C3H7COOH	Rancio, sudor
Valeriánico	C4H9COOH	Sudor

Aldehidos y cetonas		
Formaldehídos	HCHO	Agrio
Acetaldehído	CH3CHO	Fruto, manzana
Butiraldehído	C3H7CHO	Rancio, sudor
Isobutilaldehído	(CH3)2CHCHO	Fruto
Isovaleraldehido	(CH3)2CHCH2CHO	Fruto, manzana
Acetona	CH3COCH3	Fruto, sudor
Butanona	C2H5COCH3	Manzana verde

Tabla 1. Compuestos asociados al agua residual P. Gostelow et. al. (2000)

1.1. FORMACIÓN Y FUENTES EN LA RED DE COLECTORES

A lo largo del epígrafe anterior han sido identificados una gran cantidad de compuestos generadores de olores, distribuidos entre los sulforreducidos, nitrogenados, ácidos orgánicos, aldehídos y cetonas.

El sulfuro de hidrógeno ($H2S$) es el compuesto odorífero predominante en el agua residual y ha sido muy estudiado además de por su olor, por su toxicidad y corrosión. Su formación proviene de dos fuentes: la reducción del sulfato y la desulfuración de los compuestos orgánicos de azufre. La primera que es la principal corresponde a:

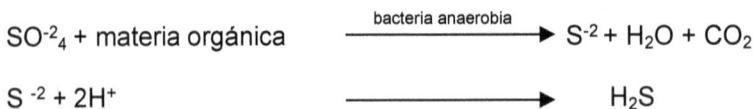

$$SO_4^{-2} + \text{materia orgánica} \xrightarrow{\text{bacteria anaerobia}} S^{-2} + H_2O + CO_2$$

$$S^{-2} + 2H^+ \longrightarrow H_2S$$

El potencial Rédox óptimo para esta reacción esta entre -200 a -300 mV.

Las aguas domésticas residuales contienen sulfuros orgánicos (3-6 mg/l) derivados principalmente de la materia proteínica y de los sulfonatos de los detergentes (4 mg/l). Los inorgánicos en la forma de sulfatos varían en función del agua (30-160 mg/l), dependiendo principalmente de las infiltraciones o vertidos industriales, y en pequeña medida de la hidrólisis de algunos aminoácidos (cistina, cisteina).

El H2S es un ácido débil y está disociado conforme a:

$$H_2S \xleftrightarrow{pK=7} H^- + HS^- \xleftrightarrow{pK=12,9} S^{-2} + 2H^+$$

A un pH de valor 7 el H2S está disociado aproximadamente al 50 %. A pH de 6 el H2S es el 90%; en consecuencia en condiciones ácidas hay más capacidad para generar una emisión que en básicas (Fig.3). La distinción del sulfuro disuelto dentro del sulfuro total es importante ya que solo el primero escapa del líquido y sin embargo suele evaluarse todo en los análisis de laboratorio.

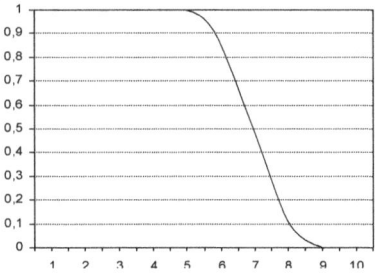

Fig. 3. pH Fracción H2S liquido

Los olores de compuestos nitrogenados pueden ser también significativos, principalmente amoniaco, indol y escatol. Las fuentes del nitrógeno son la urea, proteínas y aminoácidos. Los ácidos volátiles grasos, aldehídos, alcoholes y cetonas son subproductos de la fermentación de carbohidratos y están generalmente asociados a tratamientos anaerobios, en particular a los fangos.

Ya se ha comentado la importancia del sulfuro de hidrógeno como compuesto molesto y peligroso, pero hay que añadir que:

- Presenta un valor de reconocimiento muy bajo.
- Es generalmente el predominante de estas aguas residuales.
- Aunque no fuera el mayoritario está presente en la mayoría de los casos.
- La concentración en fase gaseosa puede relacionarse con la líquida mediante modelos matemáticos.
- Puede ser medido sin dificultad con monitores.
- Es fácil de correlacionar con la medida de olor.

La fermentación y reducción tiene lugar en los tres principales subsistemas de un colector: agua residual, biofílm y sedimentos, siendo las causas de la formación de este compuesto. Principalmente influye en su producción el contenido de oxígeno, la alta carga del agua residual, el tiempo largo de retención, los bombeos a presión, y la temperatura, entre otros factores.

El primer paso del proceso bacteriano es la estabilización de una mucosa pelicular bajo el nivel del agua en los colectores por gravedad o forzados. Este biofílm (Fig. 4) está compuesto de bacterias y otros sólidos que es sostenido por una proteína llamada zooglea. Cuando tiene un grosor suficiente para impedir que el oxígeno disuelto penetre, se crea una capa anóxica bajo su superficie. Se forma aproximadamente en dos semanas, aunque puede llevar varios años su crecimiento progresivo. En esta capa, las bacterias

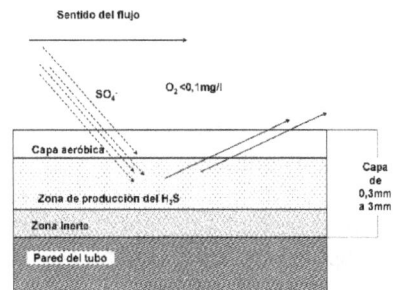

Fig. 4. Detalle de la capa de biofilm

sulforreductoras usan el ion sulfato como fuente de oxígeno una vez agotado el de la capa superior (el O2 disuelto es <0,1 mg/l).

Las bacterias en primer lugar crecen en la película, por lo que la reducción se produce principalmente en ella y no en el agua. La actividad microbiológica metanogénica tiene lugar en ausencia de sulfatos, y en consecuencia en los sedimentos, y no en el biofílm donde sí penetra el mencionado sulfato. En procesos anaerobios sin sedimentos dominan las reacciones de sulforreducción y acidogénesis (producción de ácidos volátiles grasos y CO2).

El predecir la cantidad de sulfuros creados es posible bajo ciertas premisas. Existen ecuaciones para colectores llenos y parcialmente llenos. Parámetros como el pH y la temperatura varían según la localización, y su elección incorrecta en las ecuaciones puede ser fatal. Debe recordarse que la velocidad, nivel de lámina y degradación del agua residual varía diariamente. Existen igualmente sesiones estacionales en que la concentración del sulfuro es variable. Por lo tanto, la estimación de los sulfuros debe hacerse para una combinación de diferentes condiciones que pueden tener lugar dentro de los colectores. Alternativamente, se puede realizar el cálculo para una situación media anual que puede dar un resultado diferente.

En base a las investigaciones sobre la materia se sabe que en los tubos por gravedad, los sulfuros son generados principalmente por la capa de biofílm de la superficie sumergida y los depósitos. En el cuerpo principal del flujo no se genera, sino que es destruido por el oxígeno que es continuamente absorbido de la superficie. El sulfuro de hidrógeno permanece disuelto en el agua de forma estable al mantenerse los colectores en condiciones sépticas.

Se han estudiado los efectos de varios parámetros en la generación del sulfuro. Los factores a tener en cuenta son:

- Temperatura: la concentración de sulfuros se incrementa un 7% cada grado centígrado de temperatura del agua, lo que equivale a doblar el ratio de producción cada 10 ºC.
- Concentración de la materia orgánica y nutriente: con el aumento de la materia orgánica biodegradable (DBO y DQO) se ve incrementada la generación de sulfuros por ser substratos (utilizada por la bacteria sulforreductora) para la reducción de los sulfatos. El parámetro DBO efectivo representa una combinación de temperatura y fuerza. DBOE= DBO $(1,07)^{(T \, ºC-20)}$ (mg/l)
- Velocidad: en tubos parcialmente llenos a partir de un valor crítico no hay generación de sulfuro bajo determinadas combinaciones de temperatura y DBO (suficiente reaireación y limpieza). En colectores de impulsión, las velocidades 0,8 a 1 m/s provocan que el biofílm sea muy pequeño 100-300 µ., sin embargo se reduce la resistencia a la difusión en la capa límite por lo que también tiene el efecto contrario.
- El área en los colectores de impulsión: al producirse los sulfuros mayoritariamente en el biofílm dará lugar a que el ratio A/V de la tubería sea importante. Es conveniente que los tamaños de los tubos sean grandes para disminuir esta área.
- El tiempo de residencia en el transporte (caudal/volumen). Especialmente en colectores de impulsión, donde para más de dos horas se dan problemas.

- Los escapes, reaireaciones (un O2 disuelto por encima de 1 mg/l incrementa el redox e inhibe la bacteria), precipitaciones y oxidaciones producidas disminuyen el sulfhídrico presente.
- El pH: la concentración de hidrógenos afecta al equilibrio de la reacción de su disociación, de forma que si es menor de 7 esta menos disociado y más presente como H2S. Las bacterias existen a valores de pH entre 5,5 y 9.
- La cantidad de sulfatos. La cantidad inicial, si bien al parecer no afecta al ratio de generación de sulfuros, sí lo hace (al cabo de un tiempo elevado de retención) a la concentración final. Especialmente en el caso de los sedimentos de los colectores, la presencia de sulfatos incrementa el potencial de sulfurreducción.
- Concentración de otros componentes del azufre: tiosulfatos, sulfitos y proteínas pueden ser reducidos a sulfuros. Estos compuestos son típicos de residuos industriales más que de urbanos.

> El tiempo de residencia, la temperatura y el diámetro de los colectores son los factores que más relevancia tienen en la generación de sulfuros disueltos. Deben tenerse en cuenta los valores máximos admisibles.

Tres formulas para el cálculo de la producción de sulfhídrico en colectores forzados han sido planteadas históricamente. De éstas se deduce que la mayor cantidad producida proviene del biofílm hacia la corriente, expresado como sulfuro por metro cuadrado – hora (g/m2-hr) y designado como Φ_{SE}.

$\Phi_{SE} = M_a$ (DQO mg/l) $(1,07)^{(T-20)}$; por Pomeroy 1974

$\Phi_{SE} = M_b$ (DQO mg/l) $(1,07)^{(T-20)}$; por Boon and Lister 1975

$\Phi_{SE} = M_c$ (u m/s) (DBO)^{0,8} (SO4 mg/l)$^{0,4}(1,14)^{(T-20)}$ por Thistlethwayte 1972

$M_a = 1,0 \times 10^{-3}$
Matos (1995) de datos experimentales para colectores forzados en la Costa de Estoril deduce el valor $0,5 \times 10^{-3}$.
$M_b = 0,228 \times 10^{-3}$
$M_c = 0,5 \times 10^{-3}$
T en °C

Se pueden completar con un término de flujo de sulfuros de la corriente de agua. En la actualidad comienza a utilizarse el modelo Hvitved-Jacobsen (2002), mucho más completo pero de difícil tratamiento analítico. Pomeroy y Parkhurst (1977) modificaron la expresión para que sirviera en colectores abiertos, añadiendo un segundo término que sumara el stripping y la absorción del oxígeno. Estos dos procesos tienden a reducir la generación de sulfuros, el primero transfiriendo desde el agua al espacio vacío del colector el sulfuro disuelto y el segundo por la oxidación que produce.

El uso de estos modelos, permite conocer los sulfuros generados (sin dosificación química). No obstante, han sido más utilizados para la predicción de la corrosión en los colectores. La corrosión aparece por dos mecanismos: el principal, que es la conversión del sulfuro de hidrógeno a ácido sulfúrico en presencia de humedad, y mediante la reacción directa. En este último caso la presencia de bacterias aerobias y oxigeno oxidan el sulfuro de hidrógeno (gas) dando lugar a ácido sulfúrico en la parte superior del tubo de colectores parcialmente llenos, cayendo el pH a 1; atacándolo si no esta protegido. Los problemas pueden ser importantes en colectores forzados, donde por el diseño o ejecución se producen zonas parcialmente llenas (válvulas, ventosas, sifones invertidos, desniveles) en los que existe un alto nivel de sulfuro de hidrógeno (gas) por la mayor cantidad de sulfuros (líquido). Un tubo nuevo puede tener un pH de 10, y en condiciones de corrosión bajar hasta 2.

La utilización actual de materiales plásticos ha mitigado los efectos que causan la corrosión y compuestos químicos en las conducciones. No obstante, la elección de un pequeño espesor puede provocar que se produzcan fracturas por el terreno, que no por la corrosión, al tener menores prestaciones que los de hormigón o metálicos. Una aspecto negativo es su vida útil (50 años) que disminuye con la temperatura. El poliéster reforzado en fibra de vidrio se presenta como el material más resistente y de menor coste.

En ocasiones se realiza un balance de masas de los colectores que inciden en una planta. El flujo de agua al decrecer aumenta su tiempo de residencia y por tanto la producción de H2S, pero como el caudal disminuye la cantidad neta de sulfuros generados hará que se mantenga constante en un muestreo. Por esta razón, alguna vez se considera de forma aproximada el sulfuro generado al día como el producto del caudal por la concentración de una muestra realizada.

De tablas o fórmulas se puede obtener una demanda media de oxígeno (respiración) (13-15 mg/l/h del agua y 700-780 mg/m2/h de capa biofílm, según Boon and Lister (1975)). Estos valores tienen que ser contrastados con la realidad, pero en cualquier caso sirven como base para conocer inicialmente las necesidades de dosificación de compuestos como medida de control o prevención en la red. Según la expresión para tubos llenos:

$$\text{Demanda O2 (mg/h)} = \text{RO2Agua} \; \Pi \; (D2 / 4) \; L + \Pi \; D \; L \; \text{RO2Biofilm}$$

Teniendo en cuenta por ejemplo que 1 mg/l de nitratos equivale a 2,86 mg/l de oxígeno, el ratio de respiración puede ser trasladado a nitratos. Esto es aplicable a otros compuestos que actúen como fuentes de oxígeno en el agua residual.

Estudio sobre la generación de la emisión

Las teorías en las que se basa la generación de compuestos volátiles, entre los que se encuentran los compuestos de mal olor, son varias. De entre todas podemos destacar dos: la ley de Henry que relaciona la presión parcial de un gas con sus fracciones molares en la fase líquida y gaseosa, y la de las dos películas. Esta última supone que el intercambio entre la fase líquida y gaseosa pasa por un estado intermedio, y éste depende fundamentalmente de cuál de las dos gobierne la transferencia, definida por unas resistencias:

Ley de las dos películas: $J = K_U (C_L - C_{L,E})$

K_U = coeficiente de transferencia entre las dos capas (m/s)
$C_L - C_{L,E}$ = concentraciones en la fase líquida y gas (g/m3)

Ley de Henry: $\qquad p_A = Y_A P = H_A X_A$

Donde:

p_A presión parcial del gas

Y_A fracción molar del gas

P presión total

H_A constante de Henry (atm-m^3/mole)

X_A fracción molar del gas en el líquido

Existe una formulación al efecto, de la que se puede deducir que en aquellas sustancias con una constante de Henry alta (H2S 483), su resistencia al paso por las dos películas viene gobernada por la líquida, mientras que en aquellas poco volátiles o reactivas con el medio líquido (NH3<1), el control se produce en el aire. En consecuencia se deduce que para las primeras, una turbulencia o una aireación vigorosa mejora considerablemente el proceso de transferencia a la fase gaseosa.

Los factores que afectan a la cantidad de gas que se emite desde las fuentes son los siguientes:

- La concentración en estado líquido: y en consecuencia la temperatura, ya que aumenta la constante de Henry y, por la fórmula anterior, disminuye la concentración del gas en el líquido X_A (40% diferencia entre 10-30 ºC). El pH también influye en este sentido ya que disminuye la cantidad de H2S disuelta, o la aumenta al crecer, todo lo contrario que en el NH3; ambos compuestos son muy dependientes del valor del pH.
- La concentración del gas en la fase gaseosa Y_A: La ventilación superior es pues determinante, facilitando la emisión.
- La característica del compuesto: El coeficiente de transferencia total (referido a gas o líquido). La evaluación de estos coeficientes presenta considerables dificultades. La turbulencia por consiguiente es un factor muy relevante del aumento de emisión.

Dentro de la problemática de las emisiones, conviene destacar que en general éstas no están en condiciones de equilibrio. Dadas las ventilaciones existentes y oxidaciones en la atmósfera, la presión parcial del compuesto es menor de la esperada y por consiguiente su concentración en estado gaseoso (una cantidad de sulfuro de hidrógeno de 1 mg/l produce 130 ppm de concentración gaseosa a pH 7; al estar a 10% de equilibro normalmente solo generará un 10%, es decir 13 ppm). Solo en el caso de turbulencias muy altas se alcanza el equilibrio. Sin embargo, el entendimiento de la emisión esta basado en la estimación del comportamiento bajo estas condiciones.

Una vez emitido el contaminante, las condiciones ambientales son clave para la detección de la molestia ocasionada, lo que justifica que nos detengamos en su estudio. Por un lado, las temperaturas bajas de la noche estratifican el aire contaminado por la inversión de temperatura a poca altura del suelo. Por otro, una baja velocidad del viento fomenta que la columna vertical de aire no se mezcle, y el estrato inferior quede contaminado, pese a que a mayor velocidad se provoca mayor emisión. El máximo de emisión se produce en torno a 3,6 m/s de velocidad del aire, pero se debe prestar atención cuando ésta tiene valores menores de 2 m/s, ya que la frecuencia con la que se detecta el olor, especialmente aguas abajo de la fuente, aumenta.

> El entorno ambiental (velocidad y temperatura) condiciona la dispersión. La turbulencia o pérdida de energías es el factor clave en la emisión de un compuesto tan volátil como es el H2S.

También en la mezcla de olores, al diluirse debido a la dispersión atmosférica, los olores fuertes decrecen y aparecen otros. Por ejemplo, se ha observado cómo aquellos típicos amoniacales detectados a una distancia del emisor de 50 m pierden su efecto posteriormente a 1 km.

Por último conviene señalar la importancia del tipo de receptor de la molestia. Cada entorno y cada persona serán diferentes, estudiándose los casos por la evaluación de unos factores. En general es más sensitivo para espacios como el residencial (alta densidad) / comerciales / negocio / educación / institucional. La utilización de software de modelización de la dispersión de la emisión es una herramienta de evaluación que presenta algunas imprecisiones, pero ofrece la posibilidad de simular diferentes condiciones de emisión, ambientales y del entorno.

1.2. FORMACIÓN Y FUENTES EN PLANTAS DE TRATAMIENTO

Una de las referencias sobre fuentes de emisiones de olores en aguas residuales es la realizada por Frechen (1988), basada en el trabajo sobre 32 instalaciones en Alemania. El desglose de las 650 muestras realizadas para análisis de olor en estas plantas de tratamiento se presenta en la Tabla 2. También las directrices holandesas de emisión a la atmósfera o NeR (*Nerderlandse emissierichtlijnen lucht*) son una guía para la evaluación de la contaminación generada aguas residuales (apéndice 1):

Área	Bajo	Media	Alto	Máximo	N° Valores	
	UOE/(m2*h)				Muest	Plantas
Obra de llegada	357	1.400	5.577	6.636	30	9
Rejas	828	5.200	32.669	31.636	13	6
Desarenador aireado	403	3.200	24.902	730.485	40	12
Arenas del desarenador	585	1.100	2.019	3.938	11	5
Superficie. dec. primaria	401	2.300	2.903	393.818	38	10
Vertederos dec. primaria	1.258	7.700	47.386	73.582	22	7
Sediment. intermedia (superficie)	1.158	4.600	17.962	114.000	27	5
Tanque de homogeneización	4.740	10.000	22.693	26.154	4	1
Tanque de tormenta	110	450	1.826	1.347	3	2
Tanque de aireación (Biológico)	522	1.500	4.305	22.659	18	5
Tanque de preadificación	37.506	48.000	61.429	60.812	4	1
Tanque anerob. de desnitrificación	301	730	1.774	14.509	47	13
Tanque aerob. de nitrificación	121	510	2.113	65.095	30	13
Sedim. final secundaria (superficie)	330	650	1.295	5.804	44	13
Filtración	148	500	1.680	4.871	10	4
Espesamiento primario de fangos	897	6.700	50.566	38.364	13	4
Espesamiento secundario de fangos	521	1.500	4.538	12.436	17	7
Secado de fangos	529	2.500	11.516	104.276	34	14

Tabla 2. Ratios de emisión

Como puede observarse, los olores están relacionados con las instalaciones de entrada de agua, sedimentación primaria y procesado de fangos. Por lo general conviene tener presente los casos de:

1. Un fuerte olor en el caudal de entrada si la carga es elevada.
2. Los decantadores primarios cuando reciben igualmente una carga elevada, si tienen una gran extensión o no purgan frecuentemente el fango.
3. El tratamiento secundario si está muy cargado, o su alimentación odorífera es importante. En particular en el caso de que sean grandes superficies o compuestos industriales, pese a reducir por oxidación los compuestos odoríferos.
4. Los sitios de almacenaje, especialmente lodos sin estabilizar.
5. Las fugas de biogás.

1.2.1. Línea de aguas

Entrada de Agua

La primera consideración que se debe realizar es si el agua de llegada es séptica o no. Si es así se deberá pensar un plan para la minimización de la presencia de los compuestos malolientes mediante un tratamiento aguas arriba de los colectores.

Tradicionalmente se lleva a cabo en un edificio que contiene bombas y tratamientos preliminares. Suelen ser puntos de turbulencia resultado de caídas de agua elevadas y cambios de dirección.

Dentro de la evaluación de caudales de entrada, la de retorno de la planta proveniente de reboses o rechazos de la línea de fangos, especialmente si hay secado térmico, tiene una capacidad de olor grande. Se puede clorar por lo menos a 100 mg/l o airear antes de su mezcla con el agua bruta como medida de corrección. En cualquier caso, se recomienda vigilar la turbulencia generada y que la introducción se produzca por debajo de la lámina de agua.

En plantas donde no existe decantación primaria, se ha visto como la recirculación del fango biológico oxigenado mezclado con el agua bruta puede provocar una reducción de los sulfuros. Esto es debido a la conversión de sulfatos y adsorción y posterior oxidación en los fangos activados. Puede ser interesante descargar los sobrenadantes en el reactor biológico. De cualquier modo estas estrategias pueden interferir los objetivos de calidad del proceso de depuración.

Cubas de homogeneización

En las cubas, sí se producen retenciones y residuos, y existe la posibilidad de generar condiciones anaerobias. Es práctica habitual la retirada de residuos. Se puede incorporar aireación para su prevención pero de forma limitada, ya que facilita una mayor emisión de sulfuros. Un diseño que mantenga una concentración de 4-7mg/l de oxígeno y un tiempo de retención de 30 minutos a caudal punta, es adecuado para conseguir una buena reducción del sulfuro (en general aporte de aire de 0,7 a 3 m3/m3 agua residual en tanques y 0,7 a 3 m3/h/ml en canales) al aumentar el oxígeno disuelto. Se puede con estos valores conseguir un 80% de oxidación, tratando a su vez las emisiones por desodorización del gas extraído del confinamiento del proceso.

Instalaciones para la recepción de aguas de fosas sépticas

Los fangos y aguas sépticas provenientes de fosas tienen una gran capacidad de olor; son poco diluidos, con alto contenido en nitrógeno, de gran DBO5, y con gran cantidad de bacterias y otros microorganismos patógenos. Conviene estudiar el momento de la aportación de estos fangos, limitando los sólidos volátiles introducidos al 10% de los que entran con el agua bruta en el mismo periodo.

En consecuencia, la descarga de camiones en cualquier punto debe realizarse en tanque cerrado, con una extracción de aire adecuada. Las conexiones serán estancas y los derrames vadeados con rapidez. Se puede realizar esta tarea en zonas especialmente cubiertas. Interesa disponer de caudalímetros y efectuar las muestras oportunas.

Pretratamientos

La acumulación de residuos en rejas, tamices y canales genera malos olores si no se limpian de forma regular. La extracción de arena también los puede generar por su revestimiento orgánico, especialmente en plantas pequeñas en que no se retire con asiduidad, por lo que es interesante su lavado.

Se puede conducir esta materia a contenedores cerrados o añadirle lechada de cal u otros productos. Los sistemas de transporte deben evitar cualquier derrame.

Los desarenadores aireados generan grandes emisiones de olores debido al desprendimiento de gases (*stripping*) por la turbulencia y el corto tiempo de retención, insuficiente para la oxidación.

Decantadores primarios

Los decantadores primarios son una importante fuente de contaminación por olor. La emisión de gases depende en gran medida de la turbulencia y la caída de agua de los vertederos. Es importante, por consiguiente, evitar grandes alturas, creando mecanismos de nivel o sumergiendo estos elementos (Fig. 5). En cuanto a los canales de distribución, hay que llegar a un compromiso en su velocidad de diseño: si es muy baja provoca residuos y demasiado alta, turbulencias. Es habitual comenzar el cubrimiento de primarios con estos elementos y canales, extrayendo una pequeña cantidad de aire, generando depresión y tratando el aire contaminado.

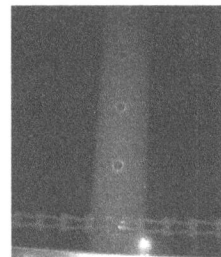

Fig. 5. Decantador sumergido

La decantación primaria se caracteriza por una gran superficie expuesta, y en el caso de que la carga sea elevada también lo será su emisión. Un flujo menor al diseñado (alto tiempo de retención) y una purga poco frecuente incrementa la septicidad del agua de entrada (detectada por burbujas y color negro).

Como en la mayoría de los casos es buena práctica la limpieza, por lo que las rasquetas, pocetas y pozos deben estar exentos de grasas y arenas. Una mala eliminación de flotantes lleva a la putrefacción de las natas. También hay que vigilar la purga de fango encontrando el punto óptimo de funcionamiento (se recomienda hacerlo de forma que el tiempo de residencia de éstos sea de una hora, la altura del fango sea superior a 1,2m o la concentración inferior al 2%). Durante el llenado de tanques debe tenerse en cuenta la posible caída y turbulencia del agua de entrada.

Son buenas prácticas en esta instalación:

- La retirada de flotantes al menos dos veces al día,
- La retirada de fangos, para prevenir la subida de sólidos por la producción de gases a la superficie, lo que desprende olores y entorpece su sedimentación.
- Reducción de la septicidad al bajar los tiempos de retención hidráulicos, incrementando la frecuencia de rascado y la purga del fango. Puede transferirse el problema de olor a los espesadores derivado de esta acción.
- Es importante si queda fuera de servicio un decantador, limpiarlo en poco tiempo. Si va a estar vacío más de dos días se recomienda clorar. Esto también es aplicable a los tanques de tormenta.

Tratamiento biológico de película fina

En lechos bacterianos o contactores rotativos hay olores si el abastecimiento de aire es insuficiente para mantener las condiciones aeróbicas. Se necesita una distribución continua y uniforme del agua residual sobre la película evitando la retención de sólidos, así como un suministro de aire suficiente. La buena operación y explotación minimiza los problemas de olores.

Cubas de aireación de fangos activos

En general no producen problemas por su aireación, al mantenerse un nivel de oxígeno disuelto. El tipo de olor que genera es característico de rancio y humedad, lo que no suele ser causa de molestia salvo que la distancia de la planta al receptor sea muy pequeña. Puede ser una fuente de olor sólo si está sobrecargado, afectado por descargas tóxicas o si tiene áreas deterioradas

Bajo condiciones aeróbicas o anóxicas y en presencia de bacterias se oxida la materia orgánica, lo que inhibe la sulforreducción y oxida química y bioquimicamente las sustancias generadoras de olor previamente formadas, a ácido sulfúrico, nitratos y dióxido de carbono (más rápida en el licor de mezcla). La inyección de oxígeno puro es una práctica de minimización usada en algunas plantas, que aporta sus ventajas e inconvenientes.

Si la planta procesa residuos industriales puede volatilizar disolventes orgánicos, y dado que suelen producirse en horarios diurnos y dentro de una mezcla compleja la identificación es difícil y costosa. También pueden portarse por aerosol organismos patógenos aguas abajo del viento, detectado por la presencia de bacterias.

La insuficiente potencia de la agitación puede originar depósitos de sólidos orgánicos en las esquinas o bordes de las cubas. El atascamiento de los difusores puede dar lugar a una distribución irregular del aire. En el diseño hay que adecuar la geometría para que la mezcla sea efectiva, lo que puede conseguirse con 20-30 m3/min/1000 m3 y 20-30 W/m3 para aireadores mecánicos.

Los sistemas de desnitrificación usan una zona anóxica para reducir los nitratos a nitrógeno gas, pero algunas veces generan sulfuros si el tratamiento es demasiado largo. Esto es así porque las bacterias usan el nitrato como fuente de oxígeno, y después el sulfato al agotarse.

<u>Decantación secundaria</u>

Las causas de generación de olores son prácticamente las mismas que en los primarios. Los fangos secundarios o activos tienen menos materia biodegradable que los primarios. Estos últimos, al contener más materia biodegradable y micro organismos, son más propensos a volverse sépticos.

Si se mezclan los fangos primarios con los secundarios se incrementan los olores, ya que el contenido de los primeros presentan nutrientes concentrados para las bacterias de los segundos o biomasa activa, a lo que hay que añadir los tiempos de retención que se den en los tanques.

Las principales fuentes de emisión son la recogida de espumas y flotantes, y los fangos. El tiempo de residencia de los mismos debe ser de 1,5 a 2 horas. Al peligro de convertirse en sépticos, se le añade la demanda adicional de oxígeno en la cuba de aireación.

Otro problema es el posible efecto de bulking del fango, resultado de la presencia de H2S y HS- que retienen nutrientes, lo que provoca un predominio de bacterias filamentosas. No obstante, esta situación tiene que confluir con otras condiciones para que sea importante el efecto. Por lo general se establece que pueden existir olores cuando:

- La edad del fango es < 5 días
- Hay insuficiente aireación o pobre aireación del proceso de fangos activos.
- Existe una sobrecarga crónica de los decantadores / crecimiento del fango.

En cuanto a las lagunas de estabilización para el tratamiento por sedimentación y algas, requiere poco control del olor si funciona bien. Pueden darse olores:

- Durante el verano y cambios rápidos de clima.
- Cualquier condición que cause la muerte de las algas.
- Durante periodos de sobrecarga.
- Cuando se acumulan sobrenadantes en la superficie.
- Cuando no se retiran los fangos con frecuencia.

<u>Tanques de tormenta y tratamientos físico-químico</u>

Normalmente no cubiertos, sino están vacíos, después de llenarlos se convierten rápidamente en anaerobios. Se recomiendan prácticas de mantenimiento similares a la de los tanques de primario no utilizados.

Se han detectado problemas importantes en plantas cuyo tratamiento es el físico-químico y carecen de aireación al no dar oportunidad a la oxidación del sulfuro de hidrógeno disuelto y generar un bajo rédox. La adición de ciertos compuestos como la cal puede incrementar olores de NH3 por la elevación del pH. Todo lo contrario que con la dosificación de sales como el cloruro férrico, que provoca un pH bajo que favorece la liberación del sulfuro de hidrógeno. Normalmente los procesos de pretratamiento, decantación con empleo de cal, filtración y adsorción con carbono activo se confinan en edificios por razones de olor.

Desinfección y vertido de agua tratada

En la desinfección una dosificación excesiva, en el caso de emplear cloro u ozono, puede llegar a originar olores residuales además de perjudicar a la salud.

Es necesaria la limpieza en las instalaciones de agua tratada, ya que su descuido puede permitir olores residuales. La turbulencia a la salida evita la precipitación de sólidos.

1.2.2. Línea de fangos

Espesamiento por gravedad

El espesador de gravedad normalmente está generalmente confinado por cubiertas planas y desodorizado, al igual que otras etapas del proceso de tratamiento de fangos, alcanzando al menos un número de renovaciones de 6-8 r/h. El tiempo de retención del fango es un factor crítico en la generación de olores. Cuanto más tiempo esté, más posibilidad hay de que se den condiciones anaerobias. Sin embargo, el fango debe permanecer para alcanzar la concentración adecuada, por lo que hay que llegar a un equilibrio.

Un parámetro importante es el caudal de sobrenadantes, que se puede controlar por una aportación de agua de dilución (15-31 m3/m2/d). Esta agua ayuda a mantener una concentración de oxígeno y un rédox positivo.

Para reducir la generación de compuestos odoríferos se pueden añadir compuestos oxidantes en el agua de dilución. Por ejemplo: cloro 5-10 mg/l, permanganato potásico 10-20 mg/l, peróxido de hidrógeno 10-20 mg/l o cloruro férrico 5-10 kg por Tn materia seca.

Como buenas prácticas se recomienda realizar:

- Minimizar el tiempo de retención del fango en el espesador
- Minimizar el espesor del manto de fangos, manteniendo un compromiso entre compactación y olores.
- Disponer de un caudal de dilución.
- Minimizar la flotación del fango evitando la septicidad.
- Minimizar la altura de caída del vertedero de sobrenadantes.
- Establecer rutinas de limpieza, sobre todo en el canal de salida del sobrenadante.

Espesamiento de flotación

Los problemas de olores son menores que en otros sistemas de espesamiento, por mantener aire disuelto que sostiene el fango flotando en condiciones aeróbicas. Se debe de:

- Operar la unidad en condiciones de diseño.
- Abstenerse de acumular fango flotando en la superficie durante largos periodos de tiempo.
- Inspeccionar y limpiar las acumulaciones de residuos en vertederos, paredes y canales.
- Retirar los sólidos acumulados en el fondo, para evitar condiciones sépticas.

Almacenamiento y mezcla de fangos

La septicidad es el mayor problema, pues los fangos se pueden volver así rápidamente, y cambiar su carácter. Las prácticas necesarias son:

- Cuidar la mezcla de fangos
- Mantener condiciones aerobias
- Aplicar aditivos químicos

El método recomendado para la mezcla es la aireación, existiendo un compromiso entre el oxígeno disuelto y las necesidades de mezcla, además de la seguridad. Como aproximación se puede insuflar un caudal de 0,5-0,7 l/s/m3 de fangos. La agitación mecánica también puede utilizarse aunque presenta más problemas de olores. La adición de productos químicos igualmente reduce la capacidad de olor, teniendo siempre precaución por seguridad y corrosión de las instalaciones. En cualquier caso hay que vigilar que el tiempo de retención sea inferior a 2 horas para evitar desarrollar condiciones sépticas.

Digestión aerobia

Si está bien diseñado, solo genera olores típicos a humedad y tierra, no molesto. No obstante se pueden producir problemas por:

- Aireación inadecuada
- Excesiva espuma
- Alimentación de fangos sépticos

Digestión anaerobia

En principio, al ser las cubas cerradas y conducirse el gas que suele contener sulfuro de hidrógeno, no deben crearse problemas, a menos que esté descuidada la instalación.

Una de las ventajas de esta digestión es la producción de biogas, de unos 0,35 litros de metano (55-75% biogas) por gramo de DQO eliminado. Este biogas sube a las cúpulas superiores donde es evacuado, evitando concentraciones peligrosas aire-gas (5-20%). Para proteger de sobrepresiones en la cubierta se disponen de válvulas de activación y presión que normalmente no son herméticas y pueden sufrir pérdidas. Las cubiertas flotantes necesarias para variar el volumen del digestor pueden liberar olores por su cierre con la pared perimetral.

Buenas prácticas son las siguientes:

- Minimizar escapes en las válvulas, instalándolas de calidad y fácil mantenimiento.
- Establecer inspecciones de rutina en los purgadores de humedad de las tuberías de gas. Si no se vacían, las condensaciones restringen el paso del gas y se producen sobrepresiones que afecta al digestor.
- Deben inspeccionarse las tuberías de gas, las cubiertas de los digestores, el acceso a las mismas y la valvulería, para averiguar si hay fugas.
- Debe vigilarse la antorcha de gas, especialmente en el apagado, reinicio y sobrecarga de gas (la combustión de biogás con alto contenido de H2S no cumple los limites medioambientales de emisión de SOx).

Si el gas metano se utiliza para cogenerar energía, el sulfuro de hidrógeno puede dar importantes problemas de corrosión y olores, por lo que se suelen añadir sales de hierro (sulfato férrico, cloruro férrico o cloruro ferroso principalmente) al digestor o en el efluente, formando precipitado de hierro insoluble. Para evitar problemas en la motorización se requiere limitar el contenido del H2S en 50 ppm, siloxanos y la humedad a menos del 30%, eliminando los condensados.

Estas sales de hierro reducen la alcalinidad de los digestores por lo que hay que controlar la concentración y el caudal de la dosificación para evitar disminuir la capacidad tampón y el pH de los mismos. Se debe evitar añadirlas en conducciones de fango porque se producen precipitaciones en las tuberías.

Respecto a la tecnología a utilizar para desulfuración del biogás con elevados contenidos de H2S, las más exitosas han sido los biorreactores, lanas de hierro (packing de Fe2O3) y virutas de hierro.

Las espumas son típicas en el arranque de los digestores. En algunas condiciones extremas se pueden escapar por la cubierta y derramarse. Se produce olores cuando están húmedas.

A no ser que se incluya un tamizado a la entrada, se producirán en los digestores acumulaciones de arenas y partículas orgánicas que deben ser retiradas periódicamente. La forma de llevar a cabo estas limpiezas y la disposición de los materiales puede incrementar el olor.

1.2.3. Sistemas de secado

Los fangos de los procesos anaerobios o aquellos que por un almacenamiento largo sean sépticos liberan olores, generalmente compuestos orgánicos reducidos de azufre (CORA), amoniaco y compuestos orgánicos del amoniaco. La forma mejor de evitarlo es asegurar un producto estabilizado (requisito Directiva 91/271/CEE), libre de organismos patógenos. Los procesos de estabilización comprenden los biológicos, como la digestión anaerobia, los químicos, y los térmicos, como la pasteurización y el secado térmico.

El ratio de producción de olor de la digestión está basado en unas complejas reacciones y conversiones microbiológicas. Pese a todo, el alto tiempo de residencia reduce el nivel de olores por sulfuros CORA. La digestión termofílica es mucho más efectiva que la que no lo es, al reducir estos tiempos. Las predigestiones química, prepasterización, ultrasonidos y demás mejoras que destruyan sólidos reducen el potencial de olor final del biosólido. En definitiva, aquellas tecnologías que permiten destruir gran cantidad de sólidos volátiles y proteínas.

Un aspecto interesante de los biosólidos es que constituyen una fuente abundante de alimento para los microorganismos, que incluyen aminoácidos, proteínas y carbohidratos. Estos microorganismos degradan las fuentes de energía y forman compuestos malolientes.

Las formas orgánicas e inorgánicas del azufre, los mercaptanos, el amoníaco, las aminas y los ácidos grasos orgánicos son en general los compuestos causantes de los olores más desagradables asociados con la producción de biosólidos (Tabla 3). Estos compuestos son liberados por el calor, la aireación y la digestión.

Compuesto	Fórmula	Olores	Nivel ppm
Sulfuro de hidrógeno	H2S	Huevos podridos	0.008
Sulfuro de dimetilo	(CH3)2S	Vegetales podridos	0.001
Disulfuro de dimetilo	(CH3)2S2	Putrefacción, descompuesto	0.00003
Metil mercaptano	CH3SH	Col podrida, ajo	0.002
Trimetil amina	(CH3)3N	Pescado podrido	0.0004
Indol	C8H6NH	Fecal, nauseabundo	0.0001
Escatol	C9H8NH	Fecal, nauseabundo	0.001
Acido butírico	C3H7COOH	Rancio	0.0003
Butiraldehído	C3H7CHO	Rancio, sudoroso	0.005

Tabla 3. Compuestos odoríferos más comunes en biosólidos Cain, William et al. (2004)

Los olores asociados a la operación de secado en el fango de alimentación son debidos a los productos químicos y su reacción, al acondicionamiento térmico, y a cualquier combinación de estas causas. El constituyente que más influencia tiene en el olor son las proteínas, que comprende un 50-70% de los sólidos volátiles del fango. Están principalmente constituidas de aminoácidos, y en consecuencia de elementos como el carbono, hidrógeno y azufre. Es fundamental conseguir la mayor destrucción posible durante la digestión.

Los aditivos químicos minerales como la cal y el cloruro férrico para su acondicionamiento reducen los olores típicos de la descomposición orgánica como los sulfuros (por ejemplo al inhibir la actividad biológica a una alto pH y decrecer la solubilidad del H2S), pero aumentan el de los amonios cuando el pH excede de 9-10. La adición de sales de hierro reduce los efectos de olores de las proteínas pero de una forma moderada. Las sales añadidas para la coagulación son en gran parte consumidas por reacción con los sulfuros.

Los problemas de olores por amoniaco se dan en mayor intensidad con fangos de digestión anaerobia. Pueden aparecer altos niveles de trimetil amina cuando el pH del biosólido alcanza el valor de 9, estando relacionado con altas dosificaciones de algunos polímeros. Este compuesto es extremadamente volátil y de nivel detección bajo (0,017 ppm). En general este tipo de producto puede desprender hasta una cantidad de 15 kg/h de gas amoniacal, alcanzando impactos a más de 15 km. Se han probado tratamientos de paraformaldehido, superfosfato, ácido fosfórico, y ácido acético. El amoniaco sometido al adecuado proceso biológico genera dióxido de nitrógeno, compuesto inocuo.

Tradicionalmente la cal se ha depositado sobre la superficie de los depósitos al aire. La humedad y lluvia hacen perder gran parte de su efectividad, así como los movimientos que ocasionan perdidas de la capa superior (la inferior estará en condiciones anaerobias).

Los polímeros utilizados como un reactivo orgánico (más simples y menos corrosivos) están desplazando a la cal y al cloruro férrico. Algunos de ellos se descomponen y forman compuestos de mal olor, por lo que conviene seleccionar los que son resistentes a altas temperaturas y pH. En general no limitan el crecimiento bacteriano causante del olor, ni fijan los compuestos que lo generan, al contrario que la cal y el cloruro férrico.

En general todos los procesos con fangos aguas abajo del reactor producen olor por la alta temperatura y la baja presión del vapor de los compuestos volátiles. La problemática asociada a los biosólidos está condicionada por:

- El tipo de agua residual a tratar.
- El impacto aguas arriba de la estabilización producida, lo que depende de los tiempos de retención previa en los tratamientos primarios y secundarios, la mezcla de fangos y las adiciones químicas realizadas.
- Impacto de los procesos de estabilización y el modo de digestión; el almacenamiento, aireación, mezcla, secado, y adiciones como la de polímeros, sales de hierro o lechada de cal.
- Emisión de olores según el tratamiento del gas ya canalizado.

Varios estudios han investigado la influencia que tienen los procesos de secado mecánico, lo que genera más potencial cuanto más intensivo es el proceso energético.

En cuanto a la disposición del fango, hay un importante rechazo social a la aplicación en la agricultura, su almacenamiento y la implantación de plantas de compostaje, especialmente por los problemas de molestias asociadas al tránsito de vehículos de transporte del fango y a los olores generados por las actividades mencionadas, al margen de la competencia que ocasiona con el residuo del sector ganadero.

a) Filtros de vacío

En la actualidad es un sistema poco utilizado, del que se libera en todas sus fases olores. Tradicionalmente se ha empleado cal y cloruro férrico. En el fango seco se mantiene el pH y en el filtrado se retorna a planta, donde el pH se neutraliza y produce liberación de gas.

b) Filtros de presión

Hasta hace poco se empleaba cal y cloruro férrico para el acondicionamiento del fango, sin embargo ya se ha visto el problema que puede ocasionar en la emisión de amoniaco. Se recomienda, pues, dosificar polímeros u otros compuestos químicos.

c) Filtros de banda

Los olores asociados se centran en:

- El punto inicial de la exposición de los sólidos (zona de alimentación)
- La zona de drenaje por gravedad, donde se elimina el mayor volumen de agua.
- El sumidero de drenaje situado debajo del equipo.

El filtrado recogido en la zona de presión puede ser muy problemático. Se debe conducir al sumidero del equipo y de este al suelo; la turbulencia en la caída produce la generación.

Buenas prácticas son las siguientes:

- Reducir las turbulencias en el sumidero.
- Dosificar compuestos químicos antes del filtro de banda.

d) Centrífugas

Estas máquinas funcionan con alimentación y descarga continua. El fango entra en la centrífuga, que está completamente cerrada. La carcasa tiene dos salidas potenciales de olor, una para la torta de fango seco y otra para líquido. Al estar cerrada, los olores se pueden extraer y tratar, lo que es una ventaja frente a otros sistemas.

e) Secado natural

Consiste en deshidratar los biosólidos en una cama de arena, normalmente sin olor, aunque en algunas instalaciones se cubre y desodoriza, lo que es costoso. Los primeros días el olor es intenso por el agua presente, hasta su disminución por la creación de una costra superficial. El problema depende de varios factores como:

- El grado de estabilización previo del producto: las pequeñas fracturas permiten más facilidad de secado y paso del agua directo a la parte baja. El tipo de acondicionador permite reducir los tiempos de secado.
- La meteorología y el tamaño de las superficies. Es clave elegir el momento de la aplicación del fango al terreno (evitar fines de semana y tardes).
- La edad del biosólido: pasando de olores extremos de compuestos de sulfuros, mercaptanos, a amoniacales al comenzar a secarse y finalmente a tierra o humedad en función de su grado de secado. La lluvia puede restablecer olores a su estado original.
- El movimiento del manto para disminuir los tiempos de secado, lo que puede permitir la eliminación de zonas anaerobias, aunque aumenta momentáneamente por la turbulencia generada.

f)   Tratamiento térmico de los fangos

El acondicionamiento térmico se realiza en un sistema totalmente cerrado. En estos procesos las sustancias de elevado peso molecular son oxidadas e hidrolizadas parcialmente a compuestos de menor peso molecular, y por tanto más volátiles que los compuestos iniciales.

En las etapas posteriores el aire es separado del fango, y junto al agua de saturación y compuestos orgánicos volátiles forma una corriente de vapor de olor característico, fácil de reconocer. Por consiguiente, hay un conjunto de compuestos de bajo peso molecular, diferentes de los mercaptanos y sulfhídrico, característicos de esta etapa en gas y líquido (aldehídos, cetonas, ácidos grasos y compuestos orgánicos de azufre). El método más eficaz de eliminación es la incineración, aunque se pueden utilizar otros sistemas.

La recirculación de condensados debe conocerse ya que puede contener compuestos orgánicos malolientes. Es conveniente un depósito acumulador para su inyección directa en el reactor biológico en horas de menor carga.

Los sólidos deshidratados producen olores en su almacenamiento, siendo importante en este caso el control del polvo y partículas, para lo que se emplean hidrociclones y filtros.

Secado térmico

Dada la temperatura del lodo, además de evaporarse el agua se volatilizan compuestos orgánicos e inorgánicos. El fango con una sequedad de 50-60% empieza a ser polvo.

En los secadores directos se produce un contacto del fango con la fuente de aire caliente, provocando una alta carga de gases contaminantes. Se debe disponer de un hidrociclón para separar las partículas de biosólidos arrastrados por la corriente. El gas se lava y/o se oxida a alta temperatura 700-800 ºC (es costoso por el elevado caudal). Otras formas utilizadas son los filtros de carbono activo o sucesivos lavados físico químico.

En el secado indirecto, el medio vapor o aire transfiere el calor por conducción a través de una pared o placa, siendo los problemas menores que en el secado directo.

Incineración de lodos

La disminución de peso, de volumen y de humedad mejora las condiciones de transporte y almacenamiento. Para incinerar fangos hay disponer de un sistema de recepción y almacenamiento de fangos, así como la depuración de gases que garanticen las condiciones legales exigidas a esta actividad. Las elevadas temperaturas alcanzadas garantizan la eliminación de las substancias orgánicas, al margen de que el componente mineral de los fangos (50% de la MS) se queda en las cenizas, lo que se elimina en un depósito controlado. La sequedad alcanzada (superior al 90%) permite incinerarlo en cementeras, con el apoyo de combustible sólido para alcanzar la temperatura óptima.

Los requerimientos pueden ser (en base a las autorizaciones ambientales integradas en instalaciones existentes de incineración de lodos):

- Dibenzodioxinas policlorados y dibenzofuranos 0,1 ng/mo3.
- Cloruros gaseosos inorgánicos 10 mg/mo3 (calculado como cloruro).
- Fluoruros gaseosos 1 mg/mo3 (calculado como HF).
- Hidrocarburos en su conjunto 20 mg/mo3.
- Amoniaco NH3 y NOx debe mantenerse lo más bajo posible (1 kg de NH3 equivale a 2,7 kg de NOx)

g) Compostaje

El compostaje de lodos es un tratamiento aerobio destinado a obtener un producto mucho más estable. Al haber sufrido un proceso de tratamiento avanzado "termófilo", se origina un producto higienizado. Esta propiedad junto a su mayor sequedad, posibilita un mayor uso del lodo estabilizado deshidratado, lo que facilita el reciclaje.

El lodo no puede compostarse solo, por su exceso de humedad y nitrógeno, por lo que hay que mezclarlo con bipolímeros y nutrientes, generando un proceso termofílico eficiente.

Dado que todos los procesos del compostaje son interdependientes, su control es importante, ya que un mal funcionamiento de alguno de ellos generará olores en otro. Por lo general la mayor parte se produce en los primeros cinco días de aireación del proceso aerobio de maduración, necesario para que las bacterias en procesos exotérmicos degraden los compuestos orgánicos eliminando los agentes patógenos e higienizando, a 60 °C, lo que da lugar a una gran demanda de oxígeno. En este proceso es necesario el aporte de agua y nutrientes.

Según las fases:

- Almacenamiento de materia prima (1%)
- La mezcla (1%).
- Curado: aireación (61%)
- Post proceso: tamizado, almacenamiento (7,7%)
- Curado, escurrido y almacenamiento (1,7%)

Es interesante realizar el talud de mezcla en una nave cubierta y desodorizada, aunque lamentablemente no es lo habitual. Es crítico controlar con sensores las características de la mezcla para proveer un alto grado de consistencia actuando en el aire y agua inyectada. Sus irregularidades, así como la mezcla no uniforme causan emisiones de olor, que en cualquier caso hay que tratar con independencia de su valor.

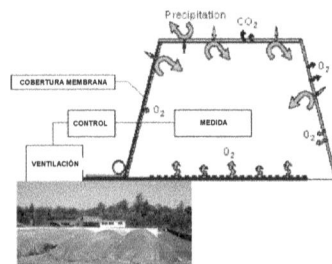

Fig. 6. Geomembranas

Finalmente la actividad continúa con el proceso de curación y almacenamiento, que en el caso de superficies grandes puede dar lugar a importantes emisiones. Se aconseja que el compost este seco, limitar la altura de los montículos a 1,8 m, proveer condiciones aeróbicas, controlar la temperatura, etc. Si no se llega a la estabilización antes del curado, el olor de esta fase puede alcanzar el 62% de la totalidad.

Algunas medidas habituales son desodorizar las naves de compostaje, utilizar túneles de fermentación, y situar el compost final en pilas estáticas ventiladas (por impulsión), trincheras o recubrimiento con geotextil (Fig. 6). Conviene tener muy presente el riesgo de incendio tipo brasa al elevarse la temperatura de la masa excesivamente, más frecuentes en los puntos en los que se humedece el material por lluvia (condensaciones bajo cubierta), ya que la actividad microbiana queda sin inhibir.

h)   Los olores asociados a las sustancias químicas añadidas en los procesos y transporte.

Por ejemplo, del líquido en los tratamientos físico químicos (sales y cal) ya comentados, y del gas de los realizados en la desodorodización, como a cloro de la etapa de hipoclorito, ozono, turbas de biofiltros, etc.

El transporte es muy importante, pudiendo hacerse en tubo o camión (el polvo puede volarse y los olores desprenderse por lo que se debe cubrir con cuidado). También conviene cuidar el almacenaje en tanques o lagos.

1.3.   OLORES EN LA VIVIENDA E INDUSTRIA

En las viviendas son clásicos los problemas ocasionados por cuartos de baños comunes, áreas de preparación de comidas, de almacenamiento de alimentos, hospitales y clínicas veterinarias.

En la red de saneamiento de viviendas existen elementos que son singulares. Son principalmente los cierres hidráulicos (sifones individuales y botes sinfónicos), la red de ventilación y las arquetas enterradas y registros suspendidos. También pueden considerarse los de depuración, grupos de bombeo y separadores de grasas. Es conocida la exigencia de cierre hermético y ventilación, pero ésta debe hacerse extensiva a los comentados.

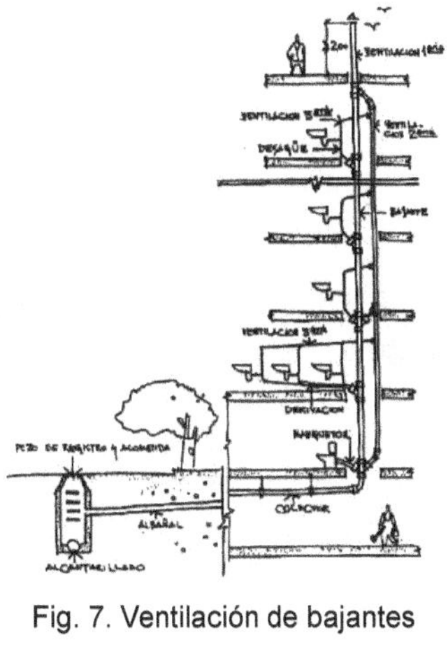

Fig. 7. Ventilación de bajantes

En lo relativo a olores por saneamiento, el agua residual al caer en una columna de bajante, genera un émbolo que impulsa el aire hacia abajo y aspira el que queda en la parte superior. Esto da lugar a una presión positiva o compresión en la cabeza cuando se acelera. Si al fondo no hay sifón u oposición al aire y agua, la presión es leve, así como lo es también, de pequeña intensidad, la negativa producida en la parte superior, si la columna está abierta por arriba a través de algún sistema de ventilación. También otra cuestión es que a medida que es menor el diámetro del tubo esta presión se incrementa.

Esta descarga de aparatos en la columna genera en definitiva lo que se llama un "sifón por compresión" y "sifón por aspiración". El embolo a que da lugar provoca que si la presión es mayor que la atmosférica se pueda impulsar el agua de los sifones hacia el interior de los aparatos, con la consiguiente contaminación por olor en las viviendas.

En general se puede establecer una relación entre la presión y el caudal de desagüe, y entre la presión y altura de la caída del agua residual Gallicio A. (1964):

$$P=K'*Q^N$$

P= presión creada
K´= 0,000016 desagües de siete metros (50mm) y 0,00003 (100mm)
N= 0,33 (ventilación continúa) y 2,5 (no existe ventilación)
$P=K*H^{2,5}$
H= altura de caída

Existe otro caso, es el llamado "autosifonado", se provoca cuando al llenar una tubería de derivación se produce una aspiración que absorbe el agua que hay en el último sifón que hace de cierre hidráulico. Este efecto es mayor cuanto más pequeño y larga es la derivación.

La detección de estos problemas puede darse por los ruidos que se generan en las descargas. Cuando "ronca" es que se produce autosifonado y cuando tiene lugar solo el ruido, es que hay sifonado por aspiración provocado por otro piso. Si hay gorgoteo del agua del sifón es que hay sifonado por compresión. Dado que no existe hasta la fecha un sifón auto-equilibrante que no genere atascos, las soluciones a los problemas de olores en viviendas pasan por la instalación de redes y dispositivos de ventilación (Fig. 7).

Los cierres hidráulicos (sifones y botes), la red de ventilación, y las arquetas y registros (para evitar los atascos o hacer de cierre hidráulico de la red) permiten mantener la red en óptimas condiciones.

Las redes de ventilación pueden ser de tres tipos, primaria, secundaria o terciaria. La primera consiste en prolongar la bajante por encima de la última planta, la secundaria discurre paralela y se conecta a los extremos en cada planta (se puede situar una ventilación al pie de la columna) y la terciaria es una red que comunica los cierres hidráulicos con la ventilación secundaria. Es importante seguir unas buenas prácticas en la instalación de estas ventilaciones entre las que se encuentran:

- Utilizar tubos resistentes a la corrosión
- No instalar recodos o bolsas que permitan condensaciones.
- Empalmar la columna de ventilación en su parte baja con el de desagüe o pozo base y en la parte superior por encima del aparato más alto o sobre el tejado.
- En edificios muy altos las conexiones, además de la superior e inferior, deben incluir puntos intermedios (cada cinco plantas).

Los pozos en las columnas de fecales tienen como cometido además del de inspección, la creación de una cámara de aire para aguantar las sobrepresiones provocadas por las descargas. Este pozo puede disponer de ventilación suplementaria a la de la columna, situando una válvula que permita la aspiración de aire pero no la expulsión. También conviene asegurar la hermeticidad de las tapas con juntas flexibles de goma.

Aunque lo deseable en ventilación del saneamiento es que se produzca en la vivienda, otra solución es situar pozos de inicio de línea al final de las ramales que no tengan acometida ninguna, en los que existirá una coronación que permita el paso del aire, evitando zonas sensibles o previendo sistemas de desodorización.

Fig. 8. Sistemas de dispersión

La limpieza de imbornales, pozos y colectores ayuda a garantizar el desatoro, los problemas asociados a las avenidas en caso de lluvias, y la creación de depósitos generadores de problemas críticos de olor en la red.

Es usual que la contaminación por malos olores se extienda por todo el edificio o por zonas no deseables lo que puede derivar incluso en la calificación de "edificio enfermo". El confort dependerá de la calidad de aire interior que será aceptable si tiene unas condiciones higrotérmicas adecuadas, ausencia de corrientes de aire y contaminantes. El aire se distribuye por él como resultado de la acción del sistema de ventilación natural o mecánico, la actividad humana y las fuerzas naturales. Las diferencias de presión lo mueven de zonas de mayor presión a otra menor. La acción humana como la apertura de puertas y ventanas hace seguir un camino no preestablecido. El efecto chimenea que provoca la convección del aire caliente al subir, dado por las diferencias de temperatura entre el interior y exterior, favorece el movimiento del aire por escaleras, ascensores y otras oberturas. Por último, el efecto viento que es variable, y que puede crear zonas con gran presión respecto a otras, favorece la infiltración a través de las aberturas y la exfiltración por las de presión negativa.

Además de los olores producidos por las aguas residuales en los edificios, existen otros de procedencia externa o internas. Puede deberse a otra contaminación como por ejemplo, tráfico, vertedero, industrial, etc, o que sea de los ocupantes y sus actividades (restauración, elaboración de productos cárnicos, etc.).

De las actividades industriales, existen algunas potencialmente generadoras de olores, con mayor o menor impacto urbano según su situación y fuente. En España la problemática de las empresas sometidas a Autorización Ambiental Integrada (AAI), se centra en

• Tratamiento de subproductos animales (restos de matadero de carnes y pescado). Especialmente cuando utilizan como combustible grasas del propio proceso.

- Instalaciones de tratamiento, valorización y eliminación en vertedero de residuos urbanos no peligrosos.
- En los C.T.R. (Centro de Tratamiento de Residuos) los focos generadores de olores son: vasos de rechazos de residuos, balsa de lixiviados, planta de tratamiento de lixiviados, playa o foso de descarga, triaje primario, triaje secundario, naves de maduración y afino de compost. Industria química (utilización de disolventes)
- Industria agro-alimentaria (cerveceras, mataderos).

Otras que también son problemáticas:

Fabricación de piensos compuestos: causada principalmente por los refrigeradores.
Azucareras: se debe principalmente al proceso de carbonatación, lo que genera amoniaco como gas residual.
Producción de melazas y derivados: similar al anterior.
Grandes panaderías: principalmente de los hornos y ventilación de las instalaciones.
Pastelerías y bollerías: similar al anterior.
Industria cárnica: al margen de su depuración de aguas residuales, los diferentes subprocesos generan problemas, dependiendo del animal que se sacrifique.
Procesado del cacao.
Instalaciones de tueste de café.
Instalaciones de procesado de patata.
Fabricación de aditivos alimentarios.
Cerveceras.
Plantas de mezclado asfalto.
Producción de fertilizantes con base nitrógeno.
Instalaciones de compostaje de residuos vegetales.
Producción de compost de residuos orgánicos caseros.
Industria del cuero.
Explotaciones ganaderas intensivas: Los olores ganaderos están formados por una mezcla compleja de gases, compuesta por entre 80 y 200 sustancias volátiles y material particulado. Concretamente en el caso de los purines de cerdo se han identificado unas 165 sustancias volátiles UPV (2011).

> Alojamientos ganaderos: Las operaciones de vaciado de las deyecciones o limpieza de las instalaciones.
> Gestión de estiércoles y purines: Durante las actividades de manejo, las deyecciones son sometidas a distintas operaciones de carga y descarga, removido o volteo.
> Aplicación a campo de estiércoles y purines: Las emisiones odoríferas son generalmente mayores cuando las deyecciones son esparcidas o depositadas en la superficie del suelo, y menores cuando éstas realiza un enterrado posterior o son inyectadas directamente en el terreno.

En estos casos al margen de las medidas preventivas y de proceso, y a la hora de diseñar los sistemas de tratamiento, debe caracterizarse por completo el gas. Hay que disponer de tratamientos que alcancen buenos rendimientos en aquellos compuestos de los emitidos que sean problemáticos.

CAPÍTULO 2

MEDICIÓN DEL OLOR

2. MEDICIÓN DEL OLOR

Generalmente es necesario realizar investigaciones para conocer las causas de un olor, a fin de identificar el lugar donde se genera o emite. Esto permite proponer correcciones del proceso y de las instalaciones, para lo que se deben efectuar mediciones de gases malolientes. No es fácil esta medición dada su subjetividad y, por otra parte no es posible asociar exclusivamente a un compuesto químico el olor que percibe el receptor como molestia.

> Es importante distinguir entre el gas maloliente y el olor. El primero es el responsable del segundo que es una interpretación del olfato humano. La ligazón entre las propiedades del gas y la percepción no está totalmente aclarada lo que da lugar a líneas de investigación actuales. Sin embargo, para medir el olor hay que referirse a valores de medida.

El sistema olfativo se localiza entre la cavidad nasal y el cerebro, y es el órgano responsable de la detección de los olores. Nuestro cerebro es capaz de asociar los olores con los sentimientos que nos evoca; es la llamada "memoria olfativa", debido a la cercanía del sistema límbico, que es el órgano encargado del control de las emociones.

La percepción del olor y sus efectos depende de varios factores como la intensidad, el carácter y el entorno del receptor. Se dan importantes variaciones estadísticas en la sensibilidad de la población. En realidad la percepción humana de un olor mantiene una relación con los llamados factores "FIDOL" e incluso con su estado físico y mental. Por todas estas razones la valoración o medición de la molestia por olor es compleja y tiene un grado de subjetividad su significado (aunque el efecto será más pronunciado cuando se exponen a olores más intensos, cualquier olor es molesto y lo importante es el límite de exposición)

Estos factores "FIDOL" mencionados que hay que tener en cuenta son:

- Frecuencia: se refiere a con qué asiduidad ocurre el olor, lo que es variable en función de la fuente y las condiciones atmosféricas.
- Intensidad: se refiere a la percepción individual que se tiene de la fuerza del olor, lo que depende de la mezcla de compuestos químicos que tiene lugar, y que provocan un efecto aditivo con respecto al valor por separado de cada uno de ellos. Existe una fórmula de relación no lineal:
I (percibida) = k(C)n o la fórmula log I = log K + n log (C)
Conocida como la ley de Steven, donde K es una constante y n varía de 0,2 a 0,8 según el olor. Se suele considerar como valores aceptables aquellos índices menores de 3. Este tipo de técnica se describe en las guías alemanas VDI 3881 hojas 1-4 y 3882 hoja 1.
- La duración: estará condicionada por las condiciones ambientales, aunque también la variación de la emisión tiene su importancia. Olores aceptados con agrado tales como perfumes, comida, café, etc. pueden ser molestos según el momento en que se manifiesten o si se prolongan en el tiempo.

- Lo ofensivo del olor: es una descripción de lo deseable o no del olor. Depende del "carácter o calidad" del mismo, lo que se clasifica en términos descriptivos mediante listas de hasta 145 descriptores. Son ejemplos típicos términos y expresiones tales como afrutado, mohoso, rancio, perfumado, olor a sudor, a alcantarilla, a nuez, a creosota, a podrido, a quemado, etc. En el caso de que se presenten simultáneamente dos olores, si la calidad u olor característico de cada uno de ellos es lo suficientemente diferente, podrán distinguirse separadamente. Ello explica los fracasos que se obtienen a veces al intentar enmascarar un olor con otro en teoría agradable. La aceptabilidad o tono hedónico de un olor: es un factor totalmente subjetivo que permite hablar de olores agradables, desagradables, nauseabundos, etc. El "tono hedónico", es función de la intensidad (esta de la concentración) y va de +10 no molesto a -10 molesto.
- La localización: fundamental cuando se está valorando la molestia ya que es diferente según el entorno, industrial, comercial, etc.

Las mediciones de olor se pueden plantear según el objeto como:

- Mediciones de emisiones
- Mediciones de inmisiones

Las primeras permitirán un control mayor del problema ya que se conocerá la participación que tiene cada fuente, las características o parámetros que influyen y el posible control a efectuar. Las inmisiones sin embargo, ayudarán a conocer el impacto producido creando un mapa de contaminación ambiental.

Aspectos	Analítico	Sensorial
Determinación de la concentración de olor	☹	☺
Determinación de sustancias simples	☺	☹
Medida continua	☺	☹
Resultados objetivos	☺	😐
Repetitividad	☺	😐

Tabla 4. Diferencias según tipo de medidas

Asimismo y en función de la técnica utilizada en la medición se podrán clasificar según este basada en compuestos químicos o en sensorial olfativa (olfatometría).

Mientras la primera caracteriza el olor en términos de composición y cuantificación de los compuestos odoríferos presentes, la segunda mide el efecto que percibe el observador (olor, en número de diluciones requeridas para disminuir hasta la concentración de su nivel de detección). Ésta última tiene un grado de subjetividad, por lo que requiere la interpretación de los resultados.

En general la medida analítica es difícil por el número de compuestos presentes. Se expresa por la concentración de cada compuesto en la unidad de volumen de aire (por ejemplo partes por millón/billón: ppm, ppb) o la masa por unidad de volumen (miligramo/microgramo por metro cúbico: $mg/m3$, $\mu g/m3$). Por otra parte la interpretación de resultados de una medida sensorial es subjetiva, por lo que hay que tener cuidado en su valoración, que suele efectuarse por la medida normalizada de Unidades de Olor Europeas UOE por metro cúbico.

La medida con instrumentación basada en narices electrónicas es una novedad, pero todavía falta desarrollo tecnológico para su aplicación al caso de aguas residuales, por lo que su utilización requiere mucha precaución.

Medir compuestos malolientes y en concreto del H2S es lo mejor para realizar un efectivo control que permita alcanzar los objetivos de minimización. En las instalaciones de aguas residuales el sulfhídrico es un compuesto casi siempre mayoritario en la mezcla que ocasiona el olor. La medida en su fase gaseosa es posible si se dispone de los instrumentos y métodos adecuados, e incluso puede ser seguida por su medición en la fase líquida si se conoce su modelo de generación. Los análisis con monitores de continuo pueden realizarse incluso en alta resolución (ppb), frente a la falta de repetibilidad (especialmente en bajas concentraciones) y altos costes que conlleva realizar olfatometrías (hasta 600 €/muestra).

La supervisión de las instalaciones puede realizarse de una forma aproximada por la concentración de sulfuros disueltos (método iodine para rango 1-20 mg/l o metileno). Los equipos automáticos resultan excesivamente caros y con grandes problemas de calibración por problemas de limpieza.

Es aconsejable medir en el ambiente si se requiere definir el grado de aportación de cada elemento o foco a fin de priorizar inversiones, estimar los impactos producidos en el medio, o conocer con precisión valores presentes y futuros de las emisiones de una zona compuesta. Debe realizarse con el equipo y método apropiado.

		TÉCNICA DE MEDICIÓN							
		Cámara de flujo	Túnel de viento	Campana	Modelo matemático	Tubos color	Balance masas	Aproximación μmetereolg.	Sondas
TIPO DE ELEMENTO	Superficies Aireadas			X	X	X			
	Superficies Calmadas		X			X			
	Superficies Complejas	X	X	X	X	X			
	Volúmenes					X			X
	Chimeneas					X			X
	Escapes						X	X	
	Sólidos	X				X			
	Elementos Singulares				X			X	

Tabla 5. Técnica de medición y muestreo

El método de medida de gases mediante instrumentos directos tiene ventajas frente al de toma de muestras y análisis, principalmente por la rapidez de las determinaciones y su economía. Lo ideal es tener una vigilancia en continuo de la emisión e inmisión, o al menos realizar mapas de medidas de ésta última de forma periódica (existe el proyecto de norma europea CEN/TC 264/WG 27, basada en la norma VDI 3940 sobre evaluación de la inmisión de olor a través de inspecciones de campo, lo que podría también utilizarse para compuestos químicos). Las medidas directas de inmisión también sirven para calibrar los modelos de dispersión de las emisiones, utilizándose por tanto para realizar simulaciones del impacto en el entorno a los cambios en planta que se quieran efectuar.

2.1. MEDICIÓN DE EMISIONES

Se pueden establecer cuatro tipos de fuentes desde el punto de vista de su medición puntual o conducida, superficies tanto en calma como aireadas, volúmenes no tratados, y fugitivas o de difícil evaluación, lo que condiciona la técnica de medición (Tabla 5) según sea el caso, con diferentes instrumentos de muestra y sus respectivos procedimientos de medida.

Puntuales

Se trata de descargas de un conducto o una pequeña apertura, como puede ser un respiradero (Fig. 9). La norma UNE 77225:2000 da las pautas de trabajo para efectuar la medida.

Se requiere tomar los datos de una serie de celdas en que se puede dividir el conducto (cuatro para áreas rectangulares superiores a 0,18 m2 y 8 para 0,25 m2 circulares). En cuanto a la localización de la muestra, ésta deberá ser seleccionada fuera de toda influencia de mezcla de flujos, es recomendable dos diámetros aguas arriba y ocho abajo.

Interesa que la velocidad de los gases en la entrada al muestreador sea la misma que el de la corriente de gas en el conducto, especialmente cuando el flujo contiene partículas o gotas que son muestreadas (muestra isocinética).

Fig. 9 Equipo portátil de alta resolución

La velocidad de salida debe ser normalizada a 20 °C por la fórmula $V_2 = V_1 X (T_2/T_1)$ y en algunas ocasiones también se utilizan otras correcciones como humedad y 12% de CO2. El flujo debe ser ajustado a condiciones normales:

$$Q = Qm (273+20) *p / (273+t) * 101,3$$

Un ejemplo de cálculo según esta formulación para un flujo saturado en vapor en un conducto de gas se encuentra en el Anexo I de la EN 13725: 2003.

Superficies en calma

Se trata de áreas grandes como material sólido apilado, superficies líquidas como lagos, tanques y otras superficies no aireadas. Es el caso por ejemplo de los decantadores primarios y secundarios en la línea de aguas.

La medida en una superficie supone la cubrición de una porción de la misma con un equipo especial que puede ser una cámara de flujo o un túnel de viento, insuflando una corriente de aire limpia a través de la superficie. En ambos casos tratan de realizar una serie de barridos para llevar el aire contaminado emitido por la superficie cubierta, y ser recolectado en una bolsa especial de material libre de olor y/o medir directamente los contaminantes.

Fig. 10 Medida con cámara de flujo

Es de gran controversia el método e instrumento de muestreo para la medida del gas, con dos bases científicas diferentes: teoría de la capa límite y de las dos películas.

La Universidad de New South Wales hace una medición dinámica basada en la teoría de la capa límite mediante el túnel de viento. Es una técnica que parte del diseño de Lindvall, permitiendo por su configuración un buen desarrollo de la capa límite en su interior, similar al real cuando el flujo es paralelo a la superficie. Se han creado otros diseños de similares.

Con el túnel se utilizan velocidades prefijadas del viento de 0,3 m/s, pese a que en la mayoría de los casos la velocidad en la superficie es diferente. Dado el dato de velocidad real del viento a la altura del anemómetro, se calcula en la superficie, teniendo en cuenta la relación:

$$REOS2 = REOS1 * (V2/V1)^{0,5}$$

REOS ratio de emisión (UO/s) o mg/m2/s
V1 es la velocidad del túnel de viento.
V2 es la velocidad del viento superficial en la actualidad.
V2 = Vaa x (altura superficie/ altura anemómetro)
Vaa = velocidad a la altura del anemómetro

En el caso de que se monitorice un sólido o semisólido la mezcla con aire no tiene lugar y en consecuencia, el ratio de emisión es determinado por la difusión en el medio con independencia de la velocidad del viento.

La cámara de insolación o flujo consiste (Fig. 10) en un pequeño espacio donde se insufla una cantidad mínima de aire que es extraída para ser medida o recogida en bolsas (para olfatometrías o análisis de laboratorio). Es una técnica estática, y ha sido adoptado por la USA Environmental Protection Agency EPA desde el año 1983 como método para la toma de muestras y medición de COVs.

La cámara de flujo se basa en la teoría de las dos películas y presenta algunos problemas de evaluación en zonas aireadas y para compuestos muy poco volátiles (para compuestos como el H_2S con una constante de Henry elevada las mediciones con los dos sistemas son parecidas). Es muy práctica para medidas en focos de difícil acceso, como vertederos y zonas turbulentas. Para las superficies en calma es más exacto usar directamente el túnel de viento o bien realizar las oportunas correcciones según la Tabla 6 (Jiang and Kaye, 1996).

Unidad	Ratio túnel/cámara
Sedimentación primaria	11,2
Tanque anóxico	31,5
Tanque de sedimentación secundaria	9

Tabla 6. Relación entre medida técnicas

Para superficies muy turbulentas o partes donde se producen fuertes pérdidas de energía como puede ser un vertedero de un decantador, hay que adaptar los equipos de medición y sujetarlos para evitar su vuelco.

Superficies aireadas

Se trata de aquellas aireadas (desarenadores, biofiltros y tanques de aireación), y donde se producen mezclas o importantes pérdidas de energía. Lo habitual es que el aire insuflado sirva para remover, reaccionar ciertos componentes y suspender sólidos. A medida en que se incrementa su caudal lo hace el ratio de evaporación de compuestos, al depender de la volatilización y solubilidad de los mismos.

Tanto el túnel de viento como la cámara presentan limitaciones en tanques de aireación, donde la mayor parte de la emisión se debe al brote causado por el aire. Los dos sistemas más usados son: la campana de muestras, y la cubrición total de la superficie o una parte de ella. Este equipo diferente de los descritos anteriormente; es una cámara con escape controlado (Fig. 11).

La campana suele cubrir un área de 0,5 a 2 m2 y tiene una pequeña salida de aire en su parte superior. La medida del flujo de aire es importante para el cálculo del ratio de emisión. El valor puede ser conocido tomando el tiempo de llenado de una bolsa calibrada de aire conectada a la salida. La muestra es recogida para realizar olfatometría o medición una vez se ha cambiado tres veces el volumen encerrado. La medida realizada sobre el conducto de salida debe cumplir con la ISO 10780.

Fig. 11. Campana superficies aireadas.

Las variaciones en este tipo de superficies por las concentraciones y el flujo pueden ser de consideración, y en consecuencia la campana debe situarse en un número de localizaciones de la fuente de emisión que asegure la representatividad de las muestras. Es deseable muestrear en puntos discretos segmentados según el flujo que tienen. Como se ha comentado, también se puede cubrir toda la superficie y realizar la medida (biofiltros).

Volumen.- fuente difusa como la proveniente de un edificio

Para plantas de tratamiento de aguas residuales no es una fuente significativa, sobre todo porque suele poseer sus propios sistemas de desodorización, al contrario de lo que ocurre en otros sectores, como por ejemplo, las granjas de animales, donde cerdos y gallinas son las más importantes fuentes de olor.

Las mediciones en edificios muy ventilados de forma natural presentan dificultades, que en algunos casos requiere de trazadores para conocer el sentido de los flujos.

Hay que prestar especial atención a la dirección y velocidad del viento y lo ideal es recoger los datos en la cara ventilada al menos durante 24 horas. En definitiva, registrar las concentraciones del contaminante en diferentes posiciones en el interior del edificio junto a la velocidad del flujo de aire de salida por puertas, ventanas y conductos de la ventilación natural.

Es importante ser consciente de que el aire alrededor de un edificio se comporta de forma compleja al crear zonas de gran turbulencia, haciendo bajar la pluma generada por el conducto de escape en la cara opuesta al viento del edificio.

Fugitiva

Cuantificar las emisiones de fuentes fugitivas es difícil por lo que se puede incurrir en grandes errores. Esto cubre los escapes en tuberías, rebordes, sellado de estructuras, aberturas en edificios, derramamientos, las fuentes ocasionales tales como las que se lanzan desde las válvulas de descarga de presión y los escapes en tanques cubiertos. Es aconsejable por tanto hacer solo una valoración subjetiva para poder tomar las medidas correctivas adecuadas, sin tener en cuenta este valor para otros casos como puede ser el impacto ambiental.

Para la evaluación se utilizan adaptadores, preferentemente de material inerte, para fijar los elementos de medición a la zona de fugas. Se puede dividir el área en zonas similares de forma que podríamos obtener un ratio por escape.

Alternativamente o complementariamente se utiliza el método micrometeorológico, que da una medida indirecta del ratio de emisión tomando muestras de la velocidad de viento y de las concentraciones aguas abajo de la fuente de emisión. Debe existir un equilibrio entre la precisión que se requiere de la medida al aumentar el muestreo y el coste que tiene asociado. Este método es desaconsejable cuando existen otras fuentes de olor que interfieren o cuando la emisión corresponde a una superficie compleja.

Aquellos equipos que funcionan de forma intermitente, especialmente en la línea de fangos, a menudo contribuyen con un pico de emisión, por lo que es aconsejable tomar regímenes diferentes. La necesidad de hacer medidas en horas que no son de trabajo puede encarecerla y dificultarla.

En definitiva en lo que respecta a la medición, según el tipo de fuente de que se trate, se utilizará un método de toma de muestra y una técnica de monitorización de los compuestos malolientes, aunque también la magnitud de la emisión y la variabilidad de la emisión son determinantes en su elección. Se utilizan instrumentos que permiten la medición de la concentración ambiental por medida directa, y en otros casos se toman muestras de forma activa o pasiva.

Los lugares escogidos como muestras en cada zona deberán ser representativos de su totalidad. La gran dificultad es que la cubierta por la misma es pequeña comparada con su totalidad, lo que hace que se deban efectuar varias medidas para caracterizar la fuente.

Con la monitorización de los elementos se podrá estimar un ratio de emisión parcial y total de las instalaciones. Sin embargo, no será el único método para evaluarlas, sino que existirán otros alternativos (modelos, etc.).

Es decisiva la selección del sistema y equipo de captación, siendo los más utilizados la cámara de insolación y el túnel de viento, cuando se trata de superficies. Las fuentes pueden ser composición de otras (por ejemplo, puntos, áreas, o múltiples áreas) requiriendo la utilización de varias tecnologías y estrategias de medidas. En cualquier caso y aun aproximándose a la mejor elección de estos sistemas, la exactitud de estas mediciones en su conjunto es difícil de concretar, por lo que representa siempre una aproximación a la realidad. Para hacer una buena evaluación la campaña de muestras debería ser lo más amplia posible, comprendiendo al menos un año completo a diferentes horas del día, y de esta forma tener un nivel de confianza aceptable.

En general deben considerarse los siguientes factores a la hora de elegir el método y equipo apropiado para cada caso:

- Límite de detección y rango de medida.- es el factor de mayor importancia a la hora de monitorizar el ambiente si los requerimientos de medida inferiores son bajos. El método debe seguir una función lineal de la respuesta con respecto a la concentración. El rango ser uno solo o varios según el caso.
- Tiempo de respuesta.- es el más importante si lo que se pretende es vigilar cortos periodos de tiempo. Los instrumentos deben ofrecer en este caso una velocidad de respuesta suficiente para detectar picos de concentración, ya que pueden ser causa de molestia pasando desapercibidos.
- Interferencias.- interesa que el método tenga la menor interferencia posible por otros compuestos, de forma que sea selectivo para identificar y cuantificar todos los compuestos de interés. Así pueden hacerlo el SO_2, CO, CO_2 y el vapor de agua, al margen de los que afectan a los sensores de los equipos de medida.
- La exactitud, precisión y error total.- lo que dependerá de los objetivos del monitorización. Es previsible una acumulación de errores al someter la medida a una modelización posterior.
- Atención al método.- cuando por ejemplo se requieren continúas calibraciones o puestas a punto.
- Coste.- cuanto más precisión y portablidad del método, mayor coste suelen implicar las medidas.
- Otros factores.- como la complejidad, el apoyo de fabricantes y los requerimientos prácticos (estabilidad de las muestras, conexiones remotas, etc.).

2.1.1. Técnicas de lectura directa

Para la medida directa de la concentración se utiliza generalmente un captador, sobre el que se realiza la medición mediante monitores de gases e instrumentos colorimétricos; papeles y líquidos reactivos, así como tubos indicadores con reactivo sólidos (Ej. Gastec GV100S- Nº: 3L, 70L).

Para los monitores habituales se dispone de una gran variedad de sensores electroquímicos (necesitan periódicas calibraciones) en función del gas a medir. Se genera una señal eléctrica proporcional a la concentración. La precisión del equipo viene dada por el fabricante encontrándose interferencias ocasionadas por otros compuestos que también reaccionan. El Jerome Meter 631X utiliza una tecnología diferente, sensor de película de oro, lo requiere menos calibración. Aspectos a tener en cuenta en la elección del equipo son: la operación, el

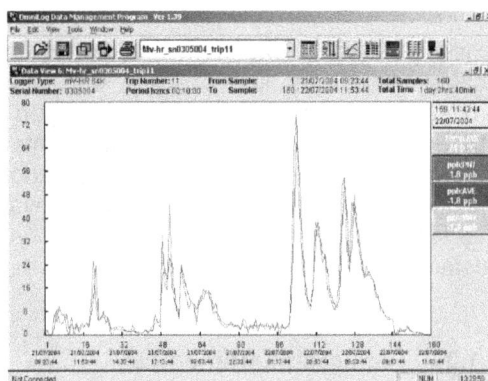

Fig. 12. Medida exterior H2S (ppb) y tª en 24h

rango de medida, la opción de grabación datos, la calibración, el límite detección y precisión y las interferencias con otros compuestos, la posibilidad de incorporar otros sensores para medida de otros compuestos, la telemedida y la portabilidad o no. Se encuentran en experimentación los dispositivos ópticos láser, infrarrojos y ultravioletas.

Entre los instrumentos de tecnología electroquímica, se encuentran muchos en los que su resolución llega a ppb (Fig. 12). Su utilidad gana, al ampliar su alcance al ambiente exterior, caracterizado por concentraciones bajas. La vida de los sensores esta limitada, pero su precio y su autonomía hace que la medida sea relativamente barata con respecto a otras por muestra.

También pero mucho más caros pueden utilizarse cromatógrafos portátiles CG con diferentes detectores según el compuesto, de SO2 UV. Un filtro de SO2 en la primera fase de la toma de muestras, seguido de un horno a 800 ºC previo a la entrada al monitor, hacen que todo el H2S presente en el aire se convierta en SO2, existiendo una correspondencia aceptable entre la medida de este y la concentración de aquel.

2.1.2. Técnicas de medida con muestra

Existen dos sistemas para la medida de gases tomando muestras, según se realice de forma activa y pasiva, al pasar aire o no.

La forma de valorar la composición química de una muestra de una forma activa, es la utilización de soportes de retención. Un volumen de aire conocido es pasado por el soporte: filtros de membrana, soluciones absorbentes (borboteador) y sólidos adsorbentes (tubos de vidrio), que fija o retiene la concentración del contaminante. En estos métodos que son tradicionales para el análisis por diferentes normas, los CORA se pueden convertir a dióxido de azufre, siendo éste medido por un método convencional (después de un lavado).

Fig. 13. Bomba y bolsa para muestras de CG y olores

Existe otra posibilidad para estudiar la composición del gas que es la recogida en bolsas especiales inertes para ser llevado a un laboratorio. En éstos por un procedimiento analítico, diferente según los equipos de instrumentación que se utilicen, se realiza un análisis de los contaminantes por separado. El equipo típico de muestreo necesario constará de captador de gases, y bomba de caudal continuo previamente ajustada y calibrada que llevará los compuestos a la bolsa (Fig. 13). Hay que tener siempre presente las condiciones del transporte, evitando el deterioro de la sustancia por adsorción, difusión o transformación física.

2.1.3. Técnicas olfatométricas

En general no existe un equipo que pueda medir el grado de molestia humano al olor. La forma de utilizar la nariz humana como un sensor es lo que se ha llamado olfatometría (Fig. 14).

En la olfatometría de dilución dinámica (ODD) una muestra de gas maloliente es cogida y llevada a un ambiente controlado, donde mezclándola con aire libre de olor o nitrógeno se produce una corriente diluida. Ésta es presentada a un panel de catadores, de forma que en al menos ocho muestras, la concentración es continuamente elevada o inversamente diluida hasta que el panel llega a detectarlo (nivel o umbral de reconocimiento).

Fig. 14. Olfatómetro portátil

El llamado "nivel de reconocimiento" ha sido utilizado tradicionalmente en la literatura académica, y es la media geométrica del factor de dilución menor a la cual un olor es reconocido por un test de panel de 50%. A este factor de dilución la concentración de olor es de 1 UO/m3 por definición.

La concentración de la muestra es expresada como múltiplo de la UO en condiciones estándares de olfatometría. Existen normas para la medición como: USA - ASTM E679-04 (ASTM) Alemania - VDI 3881 (VDI, 1986), Francia AFNOR X-43-101, Holanda NVN2820, Japón Triangular Odour Bag Method, definiendo la unidad de concentración, la unidad de dilución, etc, medidas casi todas relacionadas con la UOE de la norma europea EN 13725 (1UO=1UO/m3=1UOE/m3=1OC=1D/T). Se encuentra en proceso de revisión, dividiendo el trabajo hasta en 9 grupos (dilución, implicaciones, incertidumbre, compatibilidad, salud), previéndose su nueva publicación para 2016.

Esta aproximación al nivel de "detección de dilución" para la medida del olor da una noción de la fuerza del olor, que es fácil de interpretar. Esto es, porque indica el grado de dilución que requiere por dispersión natural, o la cantidad de reducción de la fuerza de la fuente para disminuir la fuerza de la emisión a niveles de detección donde el impacto es de cero.

Existen dos métodos para llevar a cabo la cata: la respuesta si/no a un puerto de salida y la forzada en el que hay dos o tres puertos, que es la más extendida en al actualidad; en cualquier caso están las dos relacionadas (10 UO/4 UO).

Hay dos criterios de calidad en la medición: el "nivel de detección" y el "nivel de certeza". Se encuentran relacionadas y aunque en los laboratorios se suelen dar ambas, la segunda es la habitual por la estandarización de la metodología de olfatometrías dinámicas (EN 13725). Es muy importante la selección del panel de catadores, para lo que son previamente entrenados y contrastados según la respuesta a un gas de referencia n-butanol, eliminado a la persona poca o muy sensitiva. El "límite bajo de detección" (LBD) de una medida de olor es la concentración más baja de olor detectable que puede ser determinada por un laboratorio olfatométrico con un 95% de confianza estadística. En términos prácticos este valor suele ser de 10-25 UO/m3.

Los instrumentos de medida diseñados para la medida directa del olor son las "narices electrónicas". Pueden caracterizar el olor sin referencia a su composición química, siendo potencialmente su sustituto. En la actualidad el problema mayor que afrontan es su calibración olfatométrica con respecto al tipo de olor que miden, variando en función del foco emisor de la planta.

La base tecnológica la constituye una serie de sensores que se usan para medir un gas específico o mezcla de gases. La respuesta se compara con las señales medidas, clasificadas usando técnicas de reconocimiento de patrones. Existen varias tecnologías utilizadas: de óxido de metal, conductividad de polímeros, sensores de ondas acústicas de superficie y microbalances de cristal de cuarzo. Generalmente la salida electrónica se relaciona por medio de rutinas de software de forma supervisada y no supervisada. La técnica de supervisión busca discriminar entre olores desconocidos combinando las diferencias entre vectores de entrada, mientras que en la no supervisada los olores son analizados por relación al aprendizaje en la calibración o experiencia del aparato. En cualquiera de los dos casos se puede utilizar análisis estadístico y redes neuronales para mejorar los resultados (Suetz M, Fenner R., 1999).

Correlación entre medidas

El gas como concentración de un compuesto predominante puede ser multiplicado por el valor de detección, de forma que sea convertido el número objetivo en una medida subjetiva del olor para una fuente determinada.

Mejor aún, se puede utilizar la formulación existente, como la considerada por Gostelow, P y Parsons (2000). Estos han correlacionado la medida de olor con la de H2S, realizando un estudio sobre 17 instalaciones de aguas residuales. Han verificado una formulación en depuradoras que otros investigadores ya venían prediciendo de la modificación de la ley de Steven´s, salvo para tanques de aireación.

La fórmula es:

$$C(UO/m3) = m \times C^n (H2S)(ppm)$$

Se ha observado cómo la mejor correlación se da cuando las concentraciones de H2S son mayores, aguas arriba del proceso y fangos, y peores para el resto como cubas de aireación, tratamientos secundarios y tratamientos de desodorización (<1 ppm), siendo la incertidumbre de la aproximación desconocida (Tabla 7).

En definitiva, midiendo olores y su compuesto predominante (H2S, NH3 u otros) puede obtenerse una relación lineal (UO m^{-3}/ppb).

Antes de un tratamiento de olor	m	n
Tratamientos preliminares	52555	0.62
Aireación	14555	−0.12
Almacenamiento de fango	38902	0.64
Después de un tratamiento de olor		
Tratamientos preliminares	29704	0.47
Aireación	44465	0.60
Almacenamiento de fango	48099	0.38

Tabla 7. Correlación técnica UO H2S

Experimentalmente se puede deducir un ratio válido para procesos de las mismas características, siempre que haya sido alcanzado mediante la toma de un número de ejemplos representativos de la fuente. La fórmula a aplicar es del tipo: Co=a CH2S+b, donde, donde Co es la concentración del olor y CH2S la de H2S (ppb), a y b constantes. Se estima una relación de forma aproximada entre 0,2 a 3 UO m^{-3}/ppb H2S.

Dada la relevancia del gas sulfhídrico en este tipo de instalaciones se aplica principalmente a este compuesto y sus derivados. No obstante, conviene monitorizar aquellos que sospechosamente tienen más posibilidades de emitirse por estar presentes en el agua residual (amoniacales, sulfurosos y metano) y/o tener constantes de Henry elevadas (alta volatibilidad).

Tiempo y Escala

Decidir cuándo realizar las mediciones dependerá de cómo se prevén que cambien las concentraciones de los contaminantes en el tiempo. Para esto será fundamental la preparación y los estudios previos.

Las emisiones de una planta de depuración varían en el tiempo, sin embargo no todas las áreas lo hacen de igual forma: en el pretratamiento y la decantación primaria depende de su ciclo diurno de flujo, tiempo de retención e impacto de las medidas de minimización; lo que no es exacto por el efecto que tienen las realimentaciones que se realizan en la cabecera de planta. En la línea de fangos y de secundario no es de esperar excesivos cambios.

El coste de las muestras combinado con el tiempo necesario para efectuarlas es determinante en la precisión de los estudios a efectuar. Si lo que se pretende es evaluar el impacto de los valores máximos de emisión, las medidas se deben realizar como mínimo durante tres días, a horas similares y en la época más crítica. Las fluctuaciones de pocos minutos pueden ser tenidas en cuenta midiendo en tres ésta EN 13725 (2003).

2.2. MEDICIÓN DE INMISIONES

Entre los métodos utilizados para conocer la molestia producida podemos enumerar:

2.2.1. Registros de quejas

A largo plazo un cronológico registro de datos es un indicador de los cambios en la exposición al olor, efecto previsiblemente de variaciones en la producción, meteorología y situaciones excepcionales.

A corto plazo, las quejas suponen la respuesta a la contestación ciudadana en zonas pobladas. Su utilidad es limitada, ya que cuando se quiera investigar, posiblemente habrá desaparecido el impacto. Por otra parte, si se trata de un olor de baja intensidad, no se puede confirmar que afección tiene, al poder ser crónica.

Las condiciones ambientales, en especial las inversiones térmicas y la velocidad del viento, son importantes datos que hay que registrar. La presentación de los resultados estadísticos en barras servirá de base para la monitorización entre otras cuestiones.

2.2.2. Encuestas

Las encuestas son habitualmente utilizadas para medir el grado de molestia de la población. Existen muchas limitaciones a la utilidad de sus valores. Para empezar su aplicación está destinada a lugares muy poblados que permitan obtener datos significativos del número de personas afectadas (más o menos molestas). Es de gran utilidad para evaluar situaciones crónicas. Puede darse el caso de que en cierto momento se haya realizado alguna y servir de referencia para la monitorización, o que se plantee como un modo de recabar el impacto medioambiental producido.

En la práctica el cero molestia no es posible ya que se ha comprobado que existe para comunidades no afectadas un valor de 5-15% de respuestas al menos molestas. De esta forma, se debiera establecer como objetivo que el máximo nivel siempre sea mayor que este valor, por ejemplo del 20%. Conviene tener presente la representatividad de la población, dado que la respuesta según el caso puede ser muy diferente: estado de salud, ansiedad, economía, personalidad, edad, histórico, etc. A partir de los datos del Censo de Población y Viviendas del Instituto Nacional de Estadística (INE) se puede tener idea del grado de molestia general que representa en nuestro país la polución por olor.

La Organización Mundial de la Salud (OMS, 1987), en su Guía de Calidad de Aire para Europa, considera también un umbral de molestia: a la que sólo una pequeña proporción de la población < 5% manifiesta molestias durante una pequeña parte del tiempo < 2%. Dado que esta sensación puede estar influida por factores psicológicos y socioeconómicos, un umbral de molestia no puede definirse sólo en base a la concentración. Los olores pueden afectar al estado psíquico de las personas, influyendo negativamente sobre su estado anímico y pudiendo provocar situaciones de estrés, al margen de los efectos físicos (insomnio, dolor de cabeza, irritación, etc.).

2.2.3. Paneles o diarios de olores

Estos datos son recogidos por personas permanentemente expuestas al olor, permitiendo conocer las condiciones bajo las cuales se ven afectadas. Es otra forma de monitorizar que permite comprobar las mejoras que se van realizando. Es de gran utilidad en el caso de zonas no muy pobladas frente a la realización de encuestas. Los datos tomados son aquellos relativos a la frecuencia y fuerza del impacto del olor.

En la actualidad se esta utilizando el acceso Web para la introducción de datos, de forma que se presentan públicamente las medidas en tiempo real, así como las condiciones meteorológicas de esa zona, históricos, alarmas y otras informaciones.

Los panelistas deben recibir formación sobre la forma de registrarlos, de forma que puedan ser analizados objetivamente. No se trata de hacerlo para competir en capacidad sensitiva, sino de dar un espontáneo juicio sobre el problema. La norma VDI 3940 define cómo influyen diferentes factores en el sentido olfativo. Así puedes ser el estado según fumador o no, la edad, que recomienda entre 18 y 50 años, la salud (alérgico o no), y la capacidad de concentración. Algunas pruebas que pueden efectuarse a cada miembro son:

- La intensidad al olor: clasificar en el correcto orden de intensidad diferentes muestras.
- La calidad: chequeando si es capaz de correlacionar la calidad del olor con la descripción verbal existente.
- Una prueba triangular: en el que tres muestras son presentadas, dos idénticas, teniendo que identificar la que es diferente.

Las personas implicadas deben recibir realimentación de los resultados de una forma continua para mantener su entusiasmo.

2.2.4. Reuniones con la comunidad

En general solo son aplicables para negociar acuerdos y dar información sobre las soluciones puestas en marcha. Interesa mantener el hilo de conexión con un subgrupo y con los representantes de la comunidad.

2.2.5. Medida por mapas de H2S u olores

La medida de gases odoríferos en el ambiente es diferente de la realizada para otros gases habituales en la polución atmosférica, por su característica de mezcla compleja y niveles pequeños de concentración. Sin embargo, y dado el avance de los medios actuales, y la constatación del gas sulfhídrico como gas trazador en las instalaciones de depuración, se considera que es una buena estimación la realizada por equipos portátiles de la medición en alta resolución del H2S.

Dependiendo del método (VDI, 2002) se utiliza:

- Medida de celdas: se trata de la medida en los puntos de las esquinas de las celdas en las que se puede dividir el área a muestrear
- Medida de plumas: es la medida en la zona donde claramente es detectado.

Dependiendo de la medida se usa:
- Medida sensorial: de la frecuencia del olor: se establece una medida en función de la fracción de tiempo que el olor es reconocible.
- Medida del compuesto químico (H2S) en ppb.

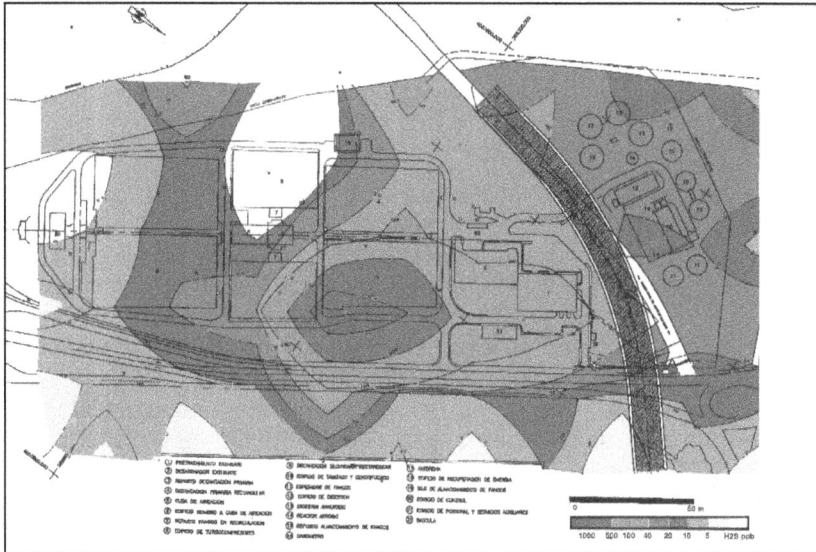

Fig. 15. Mapa de líneas de nivel de H2S

Existen equipos patentados (Nasal Ranger, Scentroid) para la medición de olor en campo, que siguiendo su propia metodología hace mapas de inmisión, pero en UO y no en UO/m3 (concentración). Su base técnica y procedimental está fundamentada en la medición de diluciones de aire.

Otra forma menos precisa de medir es mediante la utilización de dosímetros pasivos. Se basan en la capacidad de retener el compuesto, por una solución generalmente de nitrato de plata, para ser analizado con posterioridad en laboratorio por fluorimetría.

2.2.6. Modelizaciones y ratios de emisión

El uso de ratios de emisión de compuestos en la depuración debe ser aplicado con precaución. Existen pocos datos generales y gran parte de los que hay forman parte del "conocimiento" de las empresas de consultoría en este campo. Esta forma de trabajar debe ser considerada siempre como una primera aproximación al problema, ya que las estimaciones siempre son conservadoras y superiores a las reales.

En USA existe el "Pooled Emissions Estimation Program (PEEP)" desarrollado para 18 procesos y componentes de colectores y plantas de tratamiento (Pring, M and Fortier G., 1997). También Stuetz y Frenchen (2001) (Tabla 2) muestran el resultado de cientos de medidas realizadas en plantas de tratamiento de aguas residuales, dando el rango de flujo de olor en cada elemento en OU/m2h. Igualmente la directriz de emisión a la atmósfera (NeR) considera otros (Montalban F., 2008).

El valor del ratio de emisión es:
$$Ei,unit = EFi,unit\ Qin\ Ci$$
Donde:
Ei,unit = emisión de un COV por ejemplo g/dia
EFi,unit = emisión del compuesto i por unidad
Qin = flujo volumétrico por unidad, m3/dia
Ci = g/m3 del líquido del compuesto,

Al margen de estos datos, se puede utilizar el balance de masas, considerando que aquella cantidad que no se puede contabilizar a la salida es la volatilizada. Este sistema no considera la biodegradación o absorción en mecanismos o sustancias, por lo que tan solo se aplica a bombas o válvulas al objeto de valorar pérdidas.

En el fondo la modelización no es más que determinar la emisión mediante cálculos científicos. Estos se pueden realizar para la determinación de amoniaco y sulfhídrico con facilidad teniendo en cuenta su concentración en estado líquido, el pH, la constante de Henry y otros parámetros (sensible al cambio de temperatura y el pH). Importante; estos cálculos no distinguen la importancia de las turbulencias.

La utilización de modelos matemáticos permite tener bajo control la generación y eliminación del problema ya que se relacionan parámetros que son críticos. Los valores de predicciones de olores y compuestos han servido para establecer modelos de comportamiento implementados mediante programas informáticos como son el Odoursim, que es el más completo y aplicado, el Toxchem y el Water 9. Se evita de esta forma que los cálculos matemáticos se realicen a mano y se produzcan errores.

El uso de equipos de medida externos no solo son un elemento para el control de la inmisión sino que en la actualidad son fuente de calibración real de estos modelos. Con un número elevado de medidas (isodoras o de nivel de H2S) aguas abajo del viento de las emisiones, bajo condiciones meteorológicas distintas, permiten definir los parámetros que caracterizan el modelo para que pueda ser calibrado.

El objetivo principal de la utilización de la simulación consiste en la reproducción del campo de inmisiones esperables para un conjunto seleccionado de escenarios meteorológicos. Las simulaciones incluirán la reproducción del campo de viento tridimensional sobre el área de interés y de la dispersión de las emisiones bajo las condiciones de transporte dadas.

La predicción de inmisiones por modelos de dispersión de contaminantes como el ISC3, AERMOD, AUSPLUME y ADMS requiere disponer de datos adecuados de la fuente (Fig. 16) y del modelo de generación al objeto de poder representarla adecuadamente en el tiempo. La introducción de datos es con valores medios o muestras de emisiones. Solo representa una indicación en operación normal o extrema dependiendo del momento en el que se tomen. Los datos generados pueden representarse gráficamente por el mismo programa u otras aplicaciones, como por ejemplo Surfer o SCREEN3. En general es conservador su resultado, dando valores superiores a los que se tendría en tiempo real.

Se requiere como entradas datos complementaros relativos a meteorología (velocidad viento, dirección, temperatura), e incluso especiales, como es el caso de la estabilidad atmosférica (Tabla 8). La cobertura es útil para esto último y se toma por observación (aeropuerto). Puede interesar representaciones específicas del movimiento del aire, para lo que ayudan gráficas generadas por ordenador tipo "rosa de los vientos" (Ej. WRPLOT View).

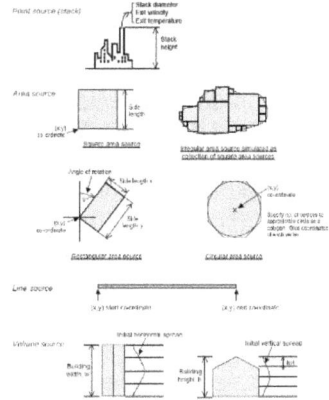

Fig. 16. Modelización de fuentes con software Ausplume

Categoría	Estabilidad	Dispersión	Ocurr. % tiempo/año	km/h	Tiempo día	Brillante o con nubes
A (0,15)	Muy inestable	Muy bueno	<1	<5	Solo día	Débil sol a moderado
B (0,15)	Inestable	Bueno	5 a 10	7 a 18	Solo día	De poco a moderado
C (0,2)	Poco inestable	Moderado	20	>7	Solo día	Moderado sol
D (0,25)	Neutral	Moderado	45 a 60	7 a 29	Día- noche	Débil sol o nublado
F/G (0,4/0,6)	Muy estable	Muy pobre	10	<11	Solo noche	Inversión térmica

Tabla 8. Constante función de la estabilidad atmosférica

Los modelos de dispersión presentan las siguientes imprecisiones:

- Solo dan un dato en una hora o 3 minutos de media, cuando los picos de concentración pueden ocurrir en un intervalo de tiempo menor, generando el mismo problema. Consideran que el ratio de emisión es constante en una hora.
- Asumen que el viento tiene una dirección constante o poco variable en una hora.
- Para bajas velocidades del aire <0,5 m/s es impreciso el modelo gaussiano (velocidad muy desfavorable para la dispersión). Los de Lagrange (puff) son más precisos pero requieren más y mejores datos.
- Los ISC3 y AUSPLUME son los más fáciles de manejar, disponiendo este último de la posibilidad de usar unidades de olor.
- Es interesante para determinar un orden de magnitud del impacto, pero debe ser utilizado con cautela cuando hay efectos de tierra o costa que afectan a la dispersión.
- Para más de dos fuentes de emisión puede dar sobrestimaciones. Si bien pueden reducirse tomando valores medios de emisión, habría que realizar una análisis de sensibilidad a la variabilidad de la fuente.

Otra forma de estimación del ratio de emisión (Vs) en áreas es considerar una velocidad de emisión sobre la base de las diferentes velocidades de evaporación en función de las condiciones atmosféricas. Prokop (1991) considera que el ratio de volatilización del gas maloliente es generalmente insignificante comparado con el del vapor de agua. En superficies en calma, el flujo volumétrico viene determinado por el producto del área muestreada y la velocidad de escape del líquido. Esta velocidad es dependiente de la del viento, temperatura del agua, temperatura ambiente y humedad, así como de la turbulencia existente entre la fase líquida y gaseosa. En superficies sometidas al viento el caudal de escape viene determinado por éste, convenientemente ajustado a la temperatura y humedad existente (Vs calmada 3 mm/s, moderada 7 mm/s y turbulencia alta 12,2 mm/s).

> La técnica de muestreo para determinar el caudal en g/s que se emite y se introduce junto a otros datos en la modelización es compleja. La incertidumbre es elevada considerando la representatividad de la muestra, el programa de modelado, la meteorología, orografía, y demás factores.

Una ecuación empírica del impacto por olor es la que relaciona el caudal de olor con el radio de alcance de la previsible molestia, mediante la expresión (las normas alemanas exigen al menos 350 m como zona de influencia de EDAR):

$$OR\ (m) = (2{,}2E)^{0{,}6}\ E = m/s * UO/m3$$

Otro procedimiento de medición en las fuentes ha sido el propuesto por Frechen (1998) con un planteamiento sustancialmente diferente para la determinación de un olor potencial. Su objetivo es conocer las capacidades de olor en la fase líquida que puede ser emitida a la fase gaseosa. La clave de esta metodología es relacionar el volumen de líquido más que la superficie expuesta, y es definida como UO/m3liq bajo condiciones estándares.

2.2.7. Aproximación micrometeorológica

El método micrometeorológico se basa en tomar muestras de olores o mediciones de compuestos malolientes a una distancia de la fuente y en la dirección del viento. El modelo de dispersión atmosférica es utilizado para casar los datos de predicción en función de las condiciones atmosféricas con las medidas realizadas, mediante un procedimiento de prueba y error. La concentración del compuesto o medidas subjetivas debe ser tomada en cada posición en rápidas sucesiones, y el modelo de dispersión debe ser utilizado para determinar el valor del ratio de emisión de H2S.

Es el también llamado sistema de "medición de penacho" según la norma VDI 3940: 2002-10 "Determination of odorants in ambient air by field inspections", medición en el área donde el olor puede ser reconocido de forma clara. Existe otro conocido como método "Sniffing measurements –methodology" de la Universidad de Ghent. Con este procedimiento se puede estimar la intensidad global de un olor compuesto como puede ser un decantador primario o suma de fuentes. También ha sido utilizado con éxito para edificios de fangos, o chimeneas donde es difícil la medida directa. Los problemas que pueden dar imprecisión son otros orígenes de olor y la sobrevaloración si no se hace una buena estimación de las condiciones atmosférica.

CAPÍTULO 3

CONSIDERACIONES SOBRE UN PROYECTO

3. CONSIDERACIONES SOBRE UN PROYECTO

La sensibilidad pública hacia los problemas ocasionados por los olores de la depuración de aguas residuales está incrementándose. La población expuesta es cada vez mayor por la proximidad de los núcleos urbanos a las instalaciones existentes. La filosofía actual de su construcción da lugar a largos recorridos de colectores. Sin embargo, la legislación no ha evolucionado demasiado.

Conviene adaptar las normas a estas situaciones, ya que hoy existe tecnología suficiente para cuantificar la molestia que se puede ocasionar, lo que pone un control sobre los permisos.

El diseño será preciso, ya que una subestimación de carga o sobreestimación de caudales puede provocar problemas. Como principios deben tenerse en cuenta:

- De la generación, por ejemplo disminuyendo al máximo los tiempos de residencia de almacenamiento de agua y fangos en condiciones anaerobias.
- De la emisión, por ejemplo evitando el régimen turbulento del flujo y las grandes caídas hidráulicas.
- De los efectos del olor, colocando las etapas más problemáticas lo más lejanas de los receptores.

3.1. NORMATIVAS Y NIVELES DE OLOR TOLERABLES

En España no existe una legislación específica sobre olores, pero sí en materia de emisión de contaminantes, entre los que se encuentra el H2S como característico de este tipo de instalaciones. Los límites de este compuesto vienen dados por el Decreto 833/1975, de 6 de febrero que desarrolla la Ley 38/1972 de Protección del Ambiente Atmosférico, de la forma:

- Anexo IV --Punto 27- Instalaciones Industriales Diversas
- Emisión de Sulfuro de Hidrógeno: 10 mg/Nm3 (o 10.000 microgramos por metro cúbico de aire). (6,9 ppm para focos conducidos).
- Anexo I - Punto 7- Criterios de calidad del aire.-inmisión de sulfuro de hidrógeno:

Para esto último, se establece:

- 100 µg/m3 de aire (concentración media en treinta minutos) (69 ppb)
- 40 µg/m3 de aire (concentración media en veinticuatro horas) (27 ppb)

Además se ha recurrido tradicionalmente y en lo relativo a reclamaciones por olores:

- Decreto 833/75 de 6/2/75 que en el anexo III, en la relación de contaminantes atmosféricos alude al olor.
- Art. 3 del RAMINP, Decreto 2414/61 de 30/11/61 en que establece los olores como actividad molesta.

- Jurisprudencia, sobre la base de los derechos fundamentales art. 1 de la Ley 62/78 y preceptos de la Constitución.

En el contexto de la autorización industrial y sus declaraciones. En la actualidad están afectadas por el reglamento IPPC por su inclusión en los registros E-PRTR (Registro Europeo de Emisiones y Transferencia de Contaminantes). La Ley 16/2002 de prevención y control integrados de la contaminación excluye a las EDAR pero afecta a las plantas de tratamiento de residuos no peligrosos de capacidad superior a 50 t/día. Regula la concesión y renovación de permisos ambientales a este tipo de instalaciones y establece la exigencia de aplicación de las mejores técnicas disponibles.

Dada la competencia de las comunidades autónomas se las incluye en los sistemas de gestión integrada de la calidad ambiental, formulando diferentes requisitos en función de la instalación. Las solicitudes de AAI (autorización ambiental integrada) o de AAU (autorización ambiental unificada) deberán contener un estudio de impacto ambiental que, entre otros, incluirá la identificación y valoración de impactos de las distintas alternativas, y las propuestas de medidas correctoras.

A estos efectos se podrían tener en cuenta como contaminantes para los diferentes focos de emisión: hidrocarburos halogenados, NO_x, SO_2, CO, H_2S, HCl, VOC's, Mercaptanos, NH_3 + aminas, CO_2.

Se ha intentado legislar en materia de olor en algunas CCAA, como Cataluña o Valencia, sin embargo no ha prosperado por ahora. No obstante, Andalucía ha sido la primera con la aprobación del Reglamento de Calidad del Medio Ambiente Atmosférico (Decreto 239/2011). Define el concepto de olor y el de concentración de olor, dentro del contexto en que se considera a éste como un agente de contaminación atmosférica. En su Anexo III, relación de contaminantes atmosféricos señala en el último lugar, a los olores molestos, al igual que lo hace el Decreto 833/1975. Supone un desarrollo sobre la Ley 34/2007 de 15 de noviembre que, ignora en su Anexo III a los olores molestos. Establece como método de referencia estándar para emisiones atmosféricas, la norma UNE-EN 13725 (olfatometría dinámica). No fija valores límite de emisión ni de inmisión, ni tampoco relaciona las actividades susceptibles de generar contaminación por olores.

El proyecto de real decreto por el que se actualiza el anexo IV de la Ley 34/2007 considera las EDAR con capacidad de tratamiento mayor de 100.000 habitantes equivalentes como tipo B. Estarán sometidas a trámite administrativo y a una periodicidad mínima de realización de controles externos de las emisiones cada 5 años.

Las normas que afectan al control de la polución por olor en otros países son dispares. Pueden distinguirse entre normas antiguas y nuevas, si se atiende a la clasificación respectivamente de aquellas que limitan las distancias mínimas de las instalaciones a zonas habitadas, y las que regulan las emisiones máximas. Se identifican también aquellas que están caracterizadas por la molestia "aproximación subjetiva", y las que se fijan en las emisiones indirectamente medidas o esperadas o "aproximación objetiva". En definitiva:

- Criterio de la molestia (subjetivo).
- Criterio de límite de reconocimiento.
- Criterio de compuesto odorífero (UO) o químico (mg/m3).
- Criterio de la frecuencia (horas de olor)
- Criterio de emisión (nivel o concentración química o de olor)

Dentro de las medidas objetivas se comprenden aquellas normas que limitan la presencia de uno o varios compuestos en el ambiente (amoniaco, sulfuro de hidrogeno, mercaptanos, azufre total, u otros y medidos en µg/m3 o ppb o bién unidades de olor). Se utilizarán mediciones o simulaciones para hacer las valoraciones oportunas de la emisión o la inmisión.

Por otra parte, la aproximación subjetiva es establecida fijando los niveles máximos de molestia. Son conocidos por la realización de encuestas a la población o mediante la inspección (las condiciones de molestia suelen ocasionarse más en horas tempranas y noche, horarios en el que no suele trabajar la administración).

Sustancia	Lím. Detec.	Lím. Recon.	Dens aire	Molestia	TLV TWA/STEL	Cost. Henry	Carácter
H2S Sulfuro de hidrógeno(1ppm=1,39 mg/m3)	2,0µg / m-^{3} 0,0005ppm	6,0µg / m-^{3} 0,0047ppm	1,18	10ppm	7 / 14mg/m3 (5/10 ppm)	563	Huevos podridos
NH3 Amoniaco	0,017ppm	0,037ppm	0.59	102ppm	14/36mg/m3 (20/50 ppm)	0.843	Amoniaco
3SH Metil mercapatano	0,0005ppm	0,0010ppm		426/575 ppm	0,98mg/m3 0,5 ppm	200	Animal muerto, mofeta
C2H5SH Etil mercaptano	0,0003ppm	0,001ppm			1,3mg/m3 0,5 ppm	200	Col deteriorada
(CH3)2S Dimetil sulfuro	0,001ppm	0,11µg/m3 0,001ppm		151/204 ppm	10ppm	110	Col podrida
(CH3)2S2 Dimetil disulfuro	10gr/m3						Piel quemada
(CH3)2NH Dimetil amina	0,34ppm				6,1mg/m3 2 ppm	1,3	Amoniaco
(CH3)3N Trimetil amina	0,0004ppm			147/316 ppm	8,4/12,6mg/m3 (2/3 ppm)		Amoniaco, urea, pescado

Tabla 9. Niveles de concentración de los gases odoríferos

En Europa, en ocasiones se está exigiendo un nivel de emisión determinado por la mejor tecnología posible, lo que viene dado por la normativa IPPC sobre Control Integrado de la Polución. Se están justifican ciertas medidas de control de olores en base a normas que no son de obligado cumplimiento, como la UNE-EN 13725, la UNE 100-011-91 (climatización de locales) o la UNE_EN 12255-9, esta última referente en materia de olor para aguas residuales. En algunos países se han establecido normas solo como guías para diseños, revisiones y permisos en las instalaciones industriales (Australia, Holanda, etc.).

Sobre la base de esta legislación los modelos de dispersión se presentan como una importante herramienta. Además de servir para predecir las inmisiones generadas por una planta es útil a la inversa, calculando la emisión equivalente que permitiría cumplir un determinado nivel de exposición considerado como "aceptable" en el entorno local (para límites fijados en H2S o en UO). A veces estos modelos o sus usuarios, no tienen en cuenta las características particulares de los focos. Son generalmente función del proceso (variación de la emisión) o están relacionados con la altura y el tipo de fuente, y con las condiciones atmosféricas. Si son obviados pueden subestimarse o sobreestimaciones a la hora de evaluar la molestia.

En cuanto a materia de seguridad laboral, el Instituto Nacional de Seguridad e Higiene en el Trabajo (INSHT) ha establecido unos valores de concentraciones medias en 24 horas para diferentes compuestos. Para recintos confinados la legislación de seguridad e higiene marca un valor límite umbral de media ponderada (8/40 horas semana laboral) en el tiempo TLV TWA y de límite de exposición de corta duración TLV-STEL (en 15 minutos) (Tabla 9).

Las áreas de concentración del H2S suelen encontrarse cerca de las zonas más bajas de los espacios confinados, especialmente si el aire es caliente y húmedo, y donde existan turbulencias en los colectores y alcantarillas.

Un aspecto a tener en cuenta es que la intensidad del olor crece exponencialmente con la concentración del olor, por lo que el olfato puede quedar insensitivo y no ser consciente del nivel de concentración, al no notar un cambio elevado en la intensidad, pudiendo llegar a valores muy peligrosos. A 100 ppm hay una parálisis del sistema olfativo. (Tabla 10). Al margen de que el aumento de la frecuencia de percepción favorece que los receptores se habitúen a los mismos, de manera que los perciben con menor intensidad.

Síntoma	Efecto	ppm
DETECCIÓN RECONOCIMIENTO ALARMA DE OLOR	NIVEL DE DETECCIÓN	0,0005
LA PROLONGADA EXPOSICIÓN CAUSA DEPRESIÓN Y MAL HUMOR	OLOR OFENSIVO O MOLESTO	0,005
	DOLOR DE CABEZA, NAUSEA, IRRITACIÓN DE OJOS	10
NIVEL DE DETECCIÓN DE DAÑO SERIO A LOS OJOS	DAÑO A LOS OJOS	50
PÉRDIDA DEL SENTIDO DEL OLFATO, AMENAZA DE MUERTE	CONJUNTIVITIS, IRRITACIÓN DEL SISTEMA RESPIRATORIO, PARÁLISIS OLFATOMÉTRICA	100
AMENAZA INMINENTE DE MUERTE	EDEMA PULMONAR	300
	FUERTE ESTIMULACIÓN DEL SISTEMA NERVIOSO	500
COLAPSO INMEDIATO CON PARÁLISIS DEL SISTEMA RESPIRATORIO	MUERTE	1000

Tabla 10. Nivel de toxicidad del H2S

Además de estos estándares de calidad del aire referidos al H2S, existen otros compuestos que provocan contaminación ambiental o molestia en mayor o menor medida. De los compuestos volátiles orgánicos, merece la pena mencionar los clorados; aunque no suelen superan niveles de consideración salvo que se trate de tratamiento de aguas residuales industriales concretas. De los biológicos, no existen criterios numéricos para su valoración, salvo algunas guías. Por último el CO2 o metano (veinte veces más dañino que el CO2 en su efecto invernadero).

El criterio de exposición al olor tiene un significado estadístico que une la emisión de un proceso al impacto o concentración sobre la superficie, en términos de probabilidad de ocurrencia y frecuencia. Por esta razón es solo un indicador de la concentración media que es fácil que ocurra para un porcentaje de tiempo en el año.

Para la interpretación de los mapas o gráficos obtenidos desde ese punto de vista, conviene tener presente para la medida obtenida bien en UO o en H2S, que en el entorno afectado representa el área donde el 98% de horas al año (176 horas) se da la máxima concentración estimada por el programa de modelización. Otra forma de representarlo es fijando el valor en el mismo programa y deduciendo las horas al año a que esta sometido la zona afectada por la inmisión. Las líneas concéntricas conectadas de puntos de igual frecuencia de ocurrencia de concentración, son las llamadas isodoras o líneas de nivel.

El valor que parece haber tenido éxito en los estudios recientes de impacto por olor, teniendo en cuenta como limite la fijación de un porcentaje de tiempo durante el cual se excede el olor un valor fijado, es el siguiente:

- En áreas urbanas; la media de concentración del olor no deberá exceder 2,5 UO/m3 para más de 2% de cada hora.
- En áreas no urbanas; la media de concentración del olor no deberá exceder 5 UO/m3 para más de 2% de cada hora (por ejemplo 175 horas al año).

Puede darse el caso de que se quiera ser más restrictivo con ciertas actividades, como es el caso del agua residual, por su tono hedónico. Este es el sentido de las normas Alemanas en relación a su acercamiento a los factores FIDOL. Dos métodos se utilizan para valorar impactos por olor: el modelo de dispersión y el análisis de campo VDI 3940 y VDI 3883 (GOAA: 2003). Estas últimas normas han permitido establecer estándares o regulaciones legales en Alemania, sirviendo como guías para la verificación. Las medidas de campo son actualmente el objetivo del grupo de trabajo Europeo CEN/TC264/WG27.

La utilización de valores olfatométricos como referencia legal, con independencia de las ventajas e inconvenientes de este tipo de medida, es establecida por algunos autores por su similitud con la molestia causada por un ruido en decibelios dB. En términos matemáticos 0 db es la intensidad sonora I=10^{-12} W/m2 a 1000Hz como estímulo de 10-12 W/m2. De forma similar se define en la EN 13725 el 0 dB de olor como el que corresponde a 40 ppb de n-butanol (1UO).

De esta forma por ejemplo para un estímulo de 4000 ppb (4 ppm) n-butanol:

$$L = 10 \log(4000/40) = 10*\log(10^2) = 20 dBo.$$

Por otra parte, dado que el límite de detección del H2S es muy pequeño, cercano a 0,5 ppb, y que según la norma VDI 3940 el valor de reconocimiento es de 3 a 10 veces de éste, un objetivo adecuado como criterio límite puede ser entre 1,5 y 5 ppb en el ambiente externo. La ASTM E679 sugiere para el H2S el valor de reconocimiento de 2-5 ppb o 0,2-0,5 UO. Existe una equivalencia de 0,2-2 UO/ppb cuando el H2S está presente y 0,5-3 UO/ppb cuando no es mayoritario, según algunos autores. Conviene tener presente el posible nivel de ruido por ambiente (vehículos, focos industriales, etc.) de 10-100 UO/m3 o 3 ppb.

Un objetivo alternativo o complementario para la minimización de compuestos odoríferos es considerar que la cantidad de H2S disuelta en el agua residual de salida de los colectores debe aproximarse a 0,5 mg/l y nunca ser superior a 1 mg/l (corresponde a 70 ppmv en el ambiente de los colectores). Los valores de concentración de sulfuros totales de 0-0,5, 0,5–3, y 3-10 en colectores han sido tradicionalmente tratados como problemáticas de olores bajas, moderadas y altas.

Existen algunas normas internacionales sobre polución de los tratamientos del agua residual. Señalamos la japonesa y la holandesa:

La primera basa sus planteamientos en la limitación del sulfuro disuelto en el agua residual en función de una fórmula (sólo para cuatro compuestos de azufre entre 22 sustancias específicas olor ofensivo):

$$Clm = K * Cm$$

Donde:
Clm: concentración de sustancia especificada olor ofensivo en el efluente (mg/l).
K = Constante (determinada en función del volumen de efluentes (Q) de alta de un centro de actividad (mg/l).
Cm = La concentración máxima permitida de sustancia dentro del rango de concentración máxima permisible (CMP) de sustancias específicas olor desagradable.
K viene dado por la Tabla 11.

Sustancia	Q ≤ 10-3 Q: m 3 / s	10-3< Q ≤ 10-1 m 3 / s	Q > 10-1 m 3 / s
Sulf hidrógeno	5,6	1,2	0,26
Metil mercaptano	16	3,4	0,71
Dimetil sufuro	32	6,9	1,4
Dimetiel disulfuro	63	14	2,9

Tabla 11. Valor constante K

La segunda se trata en la guía NeR holandesa

Los factores de emisión se determinan en varias etapas del proceso de tratamiento, representados en las tablas del anexo. La intensidad de la fuente de olor puede calcularse multiplicando los factores de emisión con la superficie de la fuente de emisión o su longitud (en el caso de puntos de emisión aislados). El total de las emisiones de olor será la suma de las emisiones en cada etapa del proceso.

Con el propósito de determinar la concentración de olores en los alrededores de la planta de tratamiento, se han diseñado nomogramas basados en el modelo de dispersión holandés Lange Termijn Frequentie Distributiemodel (LTFD). Esto permite a la autoridad competente establecer una distancia mínima desde la fuente de olor hasta el área donde puede apreciarse concentración de olor.

Con la ayuda de estos gráficos se puede determinar la concentración ponderada de los olores de una estación depuradora de aguas residuales a una determinada distancia del origen imaginario. No es posible determinar con exactitud a distancias cortas. Puede ser considerado "el peor escenario" si en la preparación de los programas se ha escogido las condiciones más desfavorables: los factores climatológicos, la dirección de viento y la orografía del terreno.

3.2.   ALCANTARILLADO

Por lo general en los alcantarillados por gravedad la velocidad del agua residual generada por la pendiente debería asegurar que el ratio de oxígeno que se disuelve sea mayor que la respiración de microorganismos. Aguas abajo, la reaireación puede incluso permitir la oxidación de los sulfuros (comienza la inhibición de la reducción del sulfato a 1 mg/l de O2). En ambos casos supone un beneficio para la prevención en la aparición de compuestos malolientes.

Sin embargo, lo habitual son los sistemas no separativos, y al estar sobredimensionados, en periodos secos las velocidades son bajas, y en consecuencia generan largos tiempos de residencia que ocasiona más H2S.

La ventilación natural de los colectores por gravedad es impredecible en su movimiento y puede producirse:

- Por diferencias en las presiones atmosféricas entre interior y exterior.
- Cambios de presiones en el interior del tubo.
- Por arrastre del agua residual en el aire.
- Paso del aire en los respiraderos.

En los colectores de impulsión la salida del olor tiene lugar en los puntos de descarga y puede causar problemas si el diámetro del colector es pequeño, o si hay conexiones cerca de la descarga, o aguas abajo de la estación de bombeo (Fig. 17).

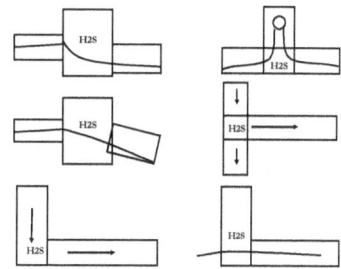

Fig. 17. Zonas de turbulencia

El diseño de la red debe comprender:

- Minimizar la longitud de los colectores de impulsión y evitar tramos descendentes.
- Velocidades próximas a 0,8 m/s en colectores de impulsión.
- Diámetros grandes de los tubos de impulsión para disminuir el área del biofilm.
- Tiempos de residencia pequeños, especialmente si es forzado. Disponer de regulaciones electrónicas que los reduzcan a dos horas.
- Asegurar la pendiente de los colectores de gravedad. Es interesante velocidades de 0,7 m/s (UNE_ EN 752-4: 1997) (autolimpieza y reaireación). Con una caída

de 1,2m y solo en condiciones aerobias, en los pozos de resalto la absorción de oxígeno es 50 veces mayor (3 mg/l).

- Evitar caídas hidráulicas o curvas cerradas que generen turbulencia cuando el agua residual no contiene oxígeno disuelto, especialmente en las transiciones y conexiones entre tubos.
- Evitar, si es posible, que los olores no escapan fuera del sistema de colectores sellando las alcantarillas en algunos casos. Facilitar el sellado hidráulico de los imbornales.
- Ventilar colectores de diámetro pequeño por gravedad para proveer oxígeno al agua residual. No es viable el tratamiento de grandes renovaciones. Se pueden disponer de trampas para la captación y tratamiento de este aire.
- Sistemas portátiles de ventilación deben estar disponibles para la entrada de personal en registros así como para prevenir atmósferas explosivas en caso de hidrocarburos.
- Usar adiciones químicas para prevenir sulfuros si el problema se desarrolla.
- Dar suficiente pendiente en sumideros para evitar la acumulación de sedimentos.
- Evitar la descarga de grasas y aceites que obturen los tubos (zonas de restauración).

Las estaciones de bombeo pueden ser una fuente de problemas no solo por los olores sino por su seguridad. Para ello:

- Se debe contemplar espacio suficiente y tramos ascendentes para la instalación de equipos de dosificación en las estaciones.
- Reducir la altura de caídas hidráulicas en los tanques.
- Evitar la turbulencia del agua en los canales.
- Minimizar los grandes tamaños de tanques para reducir el tiempo de residencia (menor de 30 minutos).
- Prever posibles elementos para eliminación de grasas y gruesos.
- Contemplar siempre el estudio de seguridad de las naves.
- En el caso de dosificar oxígeno mantener velocidades suficientes en el colector.
- Evitar retornos o infiltraciones de agua de mar (aumento de sulfatos y TR).
- Realizar alimentaciones progresivas de los colectores mediante el uso de variadores de velocidad que eviten la turbulencia causadas por cambio de régimen de caudal.

3.3.   PLANTA DE TRATAMIENTO

Durante el proyecto se pueden tener en cuenta los siguientes puntos:

- El control de la descarga de aguas residuales industriales, particularmente aquellas malolientes.
- La localización de la planta.
- Minimizar la exposición al ambiente durante el almacenaje y el tratamiento de los lodos sin estabilizar o seudo estabilizados.
- Evitar el desarrollo de la septicidad en los decantadores, reduciendo al mínimo el tiempo de retención de la capa de lodo que se acumula.

- Minimizar las capacidades de los tanques frente al espesamiento, secado y digestión por los olores de los fangos.
- Minimizar la turbulencia, por ejemplo reduciendo al mínimo la altura de caída por los vertederos (salvo en caso de descarga) y las correspondientes en tanques a niveles inferiores. Conseguir velocidades de autolimpieza en canales y tuberías (0,45 m/s).
- La adición de caudales recirculados odoríferos tan próximos como sea posible a los procesos de tratamiento secundario aerobios y siempre por debajo de la superficie del agua.
- La elección de diseños compactos cuando sea inevitable el proceso cubierto, (condiciones ambientales muy adversas).
- Situar las fuentes principales de olor tan lejos como sea posible de los receptores y colocar pantallas vegetales ("lo que no se ve huele menos")
- La agrupación de fuentes principales de olor para permitir el uso de medidas de reducción comunes.
- El uso del aire maloliente procedente de un proceso como aire para otro.
- Tomar medidas para una efectiva dispersión: aumento de la temperatura del gas, elevación de la chimenea, uso indebido de sombrerete e inyección de aire a la salida.
- Situar dobles puertas con exclusas y chorros de aires interior en las naves.
- Evitar la exposición al sol y a las corrientes fuertes de aire en lagunas o tanques.
- Realizar operaciones de limpieza rutinarias donde se genere depósitos. Prever suficientes grifos de servicio, diseñando instalaciones accesibles y con drenajes.

3.4. EXIGENCIAS DEL CÓDIGO TÉCNICO DE LA EDIFICACIÓN

El CTE establece las exigencias en materia de seguridad y habitabilidad establecidas en la Ley Orgánica de la edificación. El objetivo del requisito básico "Higiene, salud y protección del medio ambiente", es tratado bajo el término salubridad.

Los documentos aplicables entre otros son la exigencia básica HS 3: Calidad del aire interior (aportar un caudal suficiente de aire exterior y garantizar la extracción y expulsión del aire viciado por los contaminantes) y el DB-HS5 Evacuación de aguas (diseño, dimensionado, construcción y mantenimiento de la las instalaciones de saneamiento).

En la actualidad, se usan procedimientos de evaluación de la contaminación por olor en el interior de edificios, basadas en medidas de unidades OLF y DECIPOL (NORMA P 343:2005). Según éstas se establecen unos ratios generales de carga de olor de personas, muebles e instalaciones, no relacionados con los procedimientos de medida explicados en este manual.

Exigencia básica HS 3: Calidad del aire interior

Las viviendas deben disponer de un sistema general de ventilación que pueda ser híbrida o mecánica y que en general cumpla algunas condiciones. El aire circulará desde los locales secos a los húmedos. Cuando algún local con extracción esté compartimentado dispondrá de aberturas de paso. La extracción estará en el más contaminado que, en el caso de aseos y cuartos de baños, es aquel en el que está situado el inodoro, y en el caso de cocinas es el que está situada la zona de cocción. Se encontrarán conectadas a conductos de extracción, no compartiéndose con locales de otros usos salvo con los trasteros.

Las cocinas deben disponer de un sistema específico de ventilación con extracción mecánica para los vapores y los contaminantes de la cocción. Para ello estarán conectados a un conducto de extracción independiente de los de la ventilación general de la vivienda. Cuando este conducto sea compartido por varios extractores, cada uno de éstos estará dotado de una válvula automática que mantenga abierta su conexión con el conducto sólo cuando esté funcionando, o de cualquier otro sistema antirrevoco.

Exigencia básica HS 5: Evacuación de aguas

Según dicha norma, cuando exista una única red de alcantarillado público tendrá un sistema mixto con una conexión final de las aguas pluviales y las residuales, antes de su salida a la red exterior. La conexión entre la red de pluviales y residuales debe hacerse con interposición de un cierre hidráulico, arqueta con sifonado de placa, de codo o de campana (Fig. 18.) que impida la transmisión de gases de una a la otra, y su salida por puntos tales como calderetas, rejillas o sumideros. Dicho cierre puede estar incorporado a los puntos de captación de las aguas o ser un sifón final de la propia conexión.

Fig. 18 Sifonado con placa y con codo

Cuando exista dos redes de alcantarillado público (sistema separativo) las conexiones serán independientes hasta las de pluviales y residuales correspondientes. Cuando la diferencia de cota entre el extremo final de la instalación y el punto de acometida sea mayor que 1m, habrá un pozo de resalto, para provocar la rotura de la energía cinética del agua y evitar patologías en la red de alcantarillado público.

Respecto a los cierres hidráulicos en sifones de aparatos, que tanta importancia tienen para el aislamiento del problema de olor, deberán ser autolimpiables, con su correspondiente registro accesible, y la altura de 50 mm para uso continuo y 70 mm para discontinuo. En el caso de que exista diferencia de diámetros el tamaño deberá aumentar en el sentido del flujo.

En lo relativo a los aparatos: se instalará el cierre hidráulico lo más cerca de la válvula de desagüe, no se hará en serie (por ejemplo situando un sifón individual y bote), si es de aparatos de cocina (lavadoras, lavaplatos, fregaderos, etc.) se efectuará con sifón individual, y si hay un bote sinfónico los aparatos estarán cercanos.

El trazado de la red de pequeña evacuación será sencillo, por gravedad, conectándolo a la bajante, salvo excepciones, y no debiendo superar la distancia del bote a la bajante 2 metros.

Como buenas prácticas se atenderá a:

- La estanqueidad general de la red con sus posibles fugas, la existencia de olores y el mantenimiento del resto de elementos.
- Desatascar los sifones y válvulas. Se mantendrá el agua permanentemente en los sumideros, botes sifónicos y sifones individuales para evitar malos olores, así como se limpiarán los de terrazas y cubiertas.
- Cada 6 meses se limpiarán los sumideros de locales húmedos y cubiertas transitables, los botes sifónicos, y el separador de grasas y fangos.
- Anualmente se revisarán los colectores suspendidos y se limpiarán los sumideros y calderetas de cubiertas no transitables, las arquetas sumidero y el resto de posibles elementos de la instalación tales como pozos de registro, bombas de elevación.
- Cada 10 años se procederá a la limpieza de arquetas de pie de bajante, de paso y sifónicas, o antes si se apreciaran olores.

Condiciones de bajantes en salida a cubierta:

- Altura: > 130 cm en cubierta no transitable y 200 cm en cubiertas transitables.
- Salida protegida de entrada e cuerpos extraños.

Las válvulas de aireación (o de admisión de aire) se abren y permiten entrar aire fresco cuando aparece presión negativa al descargar un elemento de la instalación. Se utilizara cuando no se pueda salir a la cubierta con los sistemas de ventilación anteriores. Debe instalarse una única válvula en edificios de 5 plantas o menos. Nivela la presión en el interior del sistema y por tanto protege los cierres hidráulicos y sifones.

3.5.   CORROSIÓN

Es importante su consideración dadas las características del agua residual, las instalaciones y la actual tendencia al cubrimiento generalizado. La corrosión constituye un problema potencial, lo que debe ser estudiado en los diseños y en la amortización de la instalación, así como en su seguimiento por un programa adecuado. Es recomendable:

- Evitar la humedad y las retenciones. Las estructuras metálicas y canales se diseñarán teniendo en cuenta la necesidad de evitar acumulaciones que generen electrolisis. Hay que facilitar el mantenimiento y limpieza por un acceso fácil. Prever drenajes.
- Ventilación y calefacción para controlar la condensación. Es especialmente relevante en áreas cubiertas y expuestas a un líquido (estaciones de bombeo, desarenadores, tanques, etc.). El espacio será ventilado con aire fresco para desplazar el alto nivel de humedad, y calentarlo solo si se quiere evitar congelaciones en climas muy fríos.
- La corrosión galvánica se establece cuando dos metales distintos entre si actúan como ánodo uno de ellos y el otro como cátodo. Aquel que tenga el potencial de reducción más negativo procederá como una oxidación, y viceversa aquel metal o especie química que exhiba un potencial de reducción más positivo lo hará como reducción. Este par de metales constituye la llamada pila galvánica. Los factores

a tener en cuenta en el ratio de oxidación son la proximidad de los metales, la conductividad, la temperatura y el pH.

- Materiales, pinturas e imprimaciones. La adecuada protección de las superficies evitará la corrosión. Los recubrimientos isoftálicos son bastantes efectivos así como los galvanizados. En cuanto a los materiales hay una tendencia a utilizar el acero inoxidable y el poliéster reforzado con fibra de vidrio.
- Los equipos eléctricos serán protegidos con presiones positivas. Estas áreas se pueden clasificar con ambientes controlados (<3 ppm), altos (<50 ppm) y severo (<50 ppm), en función del H2S presente en la zona.

CAPÍTULO 4

MEDIDAS CORRECTORAS

4. MEDIDAS CORRECTORAS

La medidas correctoras son muy diversas. En cualquier caso previo a la decisión correspondería hacer una investigación completa a fin de identificar cómo se genera, dónde se emite, y si es posible, calcular el régimen de emisión de olor de las fuentes principales.

Pueden clasificarse en:

- El diseño y distribución del proceso.
- El funcionamiento del proceso.
- Los límites y controles de las aguas residuales industriales.
- La adición de productos químicos para prevenir la septicidad, disminuir sus efectos o cualquier otra acción de reducción de olor.
- Cubrir las fuentes de olor, disponer de ventilación y tratar el aire recogido.
- El uso de pulverizaciones atmosféricas para actuar como barrera, o para añadir productos químicos neutralizantes o modificadores del olor.

4.1. ADITIVOS QUÍMICOS

Los aditivos químicos se pueden dividir en:

- Fuentes de oxígeno
- Sales metálicas, principalmente de hierro.
- Agentes oxidantes fuertes
- Ataque biológico.
- Otros compuestos modificadores del olor.

Se expone a continuación una gama completa de los mismos (Tabla 12):

Tipo	Método	Objetivo	Uso Efect.-Equip. Pelig.Coste	Observaciones
Otras adiciones	Añadir bacterias (una colonia de microorganismos que oxide y mantenga los sulfuros constantes).		No evaluado o desconocido	Ha sido efectivo pero tan solo para aplicaciones en lagos. En colectores parece ser muy sensible a la dosificación, de forma que si es insuficiente hace el problema aún peor.
	Solución del dióxido de azufre y hidróxido sódico, o solución del sulfito, del bisulfito, metabisulfito, ácido sulfúrico, a las aguas residuales, al conducto de las aguas residuales, y a los sistemas de las aguas residuales en presencia de catalizadores del metal	Aporta una fuente de oxígeno al agua residual que permite la biosíntesis y purificación de las aguas residuales al mismo tiempo que impide la reducción de sulfatos y necesidades de aireación del biológico.	No evaluado o desconocido	Utilización para colectores forzados y por gravedad
	Hidróxido de magnesio u óxido de magnesio	Alteración del pH a valores de 7.9-9.5 desplazando la reacción del sulfhídrico	No evaluado o desconocido	
	Introducir dióxido de carbono y oxígeno	El dióxido de carbono reduce la actividad bacteriana por el pH, y el oxígeno u oxígeno ozonificado (15% ozono) alimenta la demanda de las bacterias	No evaluado o desconocido	
	Combinaciones de oxidantes con nitratos (cloruro sódico y nitrato amónico, peróxido de hidrógeno y ácido nítrico, permanganato potásico y sales de nitrato)		No evaluado o desconocido	

Tipo	Método	Objetivo	Uso	Efect.	Equip.	Peligr.	Coste	Observaciones
Mejorar el balance de oxigeno en el agua	Buenas prácticas	Mantener un buen caudal, sin turbulencias, minimizando las deposiciones y mejorando las aireaciones donde el sulfhídrico no sea alto y no suponga stripping. Realizar ventilaciones de los colectores (para la corrosión). Limpiar colectores.	*	*		***	**	Efectividad limitada por el diseño previo. Varios tipos de limpieza convencionales flujo de agua de alta velocidad, varillas, topos, etc.
	Inyección de aire	Incrementar el oxigeno usando: Compresores de aire, Venturi, Otros métodos	**	*	*	**	*	Posibles escapes de olor. Baja eficiencia frente a la dosificación de oxigeno. Dosif 10mg/mg.
	Inyección de oxigeno	Incrementar el oxigeno con inyección directa o generándolo.	***	**	**	***	***	Alta eficiencia (5 veces más soluble que el aire). **Limitaciones de dosis hasta saturaciones (2 mlg/l)**. Problemas de descebe de bombas por el exceso de gas no disuelto. Volumen de la instalación. Dosif 3mg/mg
	Adición de sales de nitrato (nitrato cálcico, sódico, potásico, férrico, etc.).	Incrementar fuentes de oxigeno para las bacterias frente al H2S	***	***	***	**	**	Alta eficiencia. **Alto coste** por ser escaso el producto. Reacción en 20-50. Peligros de la **sub dosificación**. Adiciones de nitrógeno. **Pequeño volumen de instalación**. Es efectivo para altos niveles de H2S. Dosif 10mg/mg
Oxidación química de H2S	Adición de cloro gas	Oxidar los sulfuros a sulfatos	**	**	***	*	*	Material químico peligroso. Material corrosivo. Disf 6mg/mg
	Adición de hipoclorito sódico	Oxidar los sulfuros a sulfatos	***	**	**	*	*	Menos arriesgado que el cloro gas. Crea COVs. Solución al 12,5%: Reacción inmediata. Genera olores a cloro. Dosif 6mg/mg
	Adición de peróxido de hidrógeno	Oxidar los sulfuros a sulfatos	*	***	***	*	*	Inestable. Reacción en 20-50'. Requiere catálisis para las formas que no son de azufre. Residual 20'. Causa natas. No es duradero. Dosf 1mg/mg
	Adición de permanganato potásico	Oxidar los sulfuros a sulfatos	*	***	***	*	*	Coste muy alto. Dosif 6mg/mg Utilizado especialmente **para fango** (secado).
Precipitación de sulfuros	Sales de hierro como el sulfato férrico o cloruro férrico	Formación de partículas sólidas de sulfuros metálicos	**	**	***	*	***	**Efecto muy rápido (20') y efectivo**. Incrementa la cantidad de **metales** en el agua residual, así como la **gestión del fango**. Poco efectivo para otros olores. Puede ser tóxico para los microorganismos (por el ácido que forma generalmente o por el que se encuentra diluido). Elimina el fósforo estruvita. Mejora la sedimentación de los decantadores primarios. Agota el oxigeno disuelto. Provoca **corrosión**. Reduce el pH y en consecuencia incrementa el H2S. Dosif 2mg/mg
	Sales de zinc, o mezcla de sulfato férrico con ácido nítrico	Igual que el anterior pero de menor rendimiento	*	**	***	*	***	
Ataque biologico	Choque alcalino. Dosificaciones periódicas (semanales) con hidróxido sódico	Eliminar la capa de biofilm y reducir la generación de H2S, al neutralizar el sulfúrico. Inactiva y destruye las bacterias. Recupera al agua de su septicidad	*	*	***	*	*	Material químico muy peligroso. Prolongados períodos pueden ocasionar obstrucciones por carbonatos. **Gestión en EDAR**

Tabla 12. Aditivos químicos

4.2. CAPTACIÓN Y TRATAMIENTO DEL AIRE

4.2.1. Diseño de cubiertas

La ventilación alcanza más del 20% del consumo eléctrico de una planta, sin embargo es clave para el control de olores y la seguridad del personal. Los aspectos que son críticos para garantizar una buena solución son los siguientes:

- El cubrimiento seleccionado.
- El conocimiento de la dinámica de generación del gas.
- La estrategia a seguir para la captación.
- La elección adecuada de la instalación de extracción.
- La puesta en marcha y mantenimiento.

Cubrimiento

Los sistemas de extracción para ventilación industrial se clasifican en dos grupos genéricos: extracción general y extracción localizada.

El primero pretende eliminar los contaminantes presentes en el ambiente por dilución o por desplazamiento con una cantidad de aire no contaminado, hasta reducir la polución a unos niveles tolerables para el trabajo. Lo recomendable en estos casos es utilizar una impulsión o una ventilación natural bien posicionada, a fin de sustituir el aire extraído de forma controlada.

El segundo trata de capturar el contaminante en su foco de emisión evitando su escape. Es un método como puede entreverse más eficaz y de inferior coste al manejar menores caudales. Presenta otros inconvenientes, como la mayor corrosión de los equipos que están en el interior del espacio confinado, al ser mayor la concentración de gases y humedad.

En las plantas de depuración es habitual observar la construcción de naves para el pretratamiento y la gestión de fangos. En el resto de las áreas, como canales, tanques y decantadores se opta por el cubrimiento mediante superficies más o menos planas, que deben estar ventiladas por seguridad y corrosión. En algunos casos los depósitos son ventilados aguas abajo de la red llevando el aire con el sentido del flujo de agua a una desodorización.

Se pueden considerar:

- Cubierta baja plana.- minimizan el espacio entre el líquido y el agua por lo que los caudales que hay que mover son pequeños y en consecuencia su coste de mantenimiento. La accesibilidad esta limitada ya que generalmente requieren una estructura externa de apoyo.
- Cubierta semicilíndrica arqueada inclinada- son apropiadas para tanques estrechos o canales y no para grandes superficies. La altura del pórtico suele tomarse por requisitos estéticos y visibilidad del agua, disponiendo de ventanas para la observación (por ejemplo para los vertederos, recogida de flotantes y entrada de agua), incluso con iluminación artificial.

- Naves, pequeños cubrimientos formados por estructuras y cúpulas.- se da la máxima accesibilidad en este caso, pero requiere el mayor volumen de aire a gestionar.
- La dualidad cubierta baja y alta se da para evitar las fugas durante los procesos de mantenimiento.- mientras qua la baja es desodorizada, la superior puede ser ventilada de forma natural. Es aplicable a la maquinaria confinada en las naves.

En el diseño y cálculo de cubiertas hay que tener presente las cargas a soportar (nieve y viento), el acceso de las personas, las pasarelas que sean necesarias, drenajes, estética y necesidades de mantenimiento. El diseño conlleva en la mayoría de los casos particularidades para su estudio, como por ejemplo, las zonas de aireación, los desarenadores, por su actividad y el mantenimiento de bombas, o el de una reja en una estación de bombeo (Fig. 19).

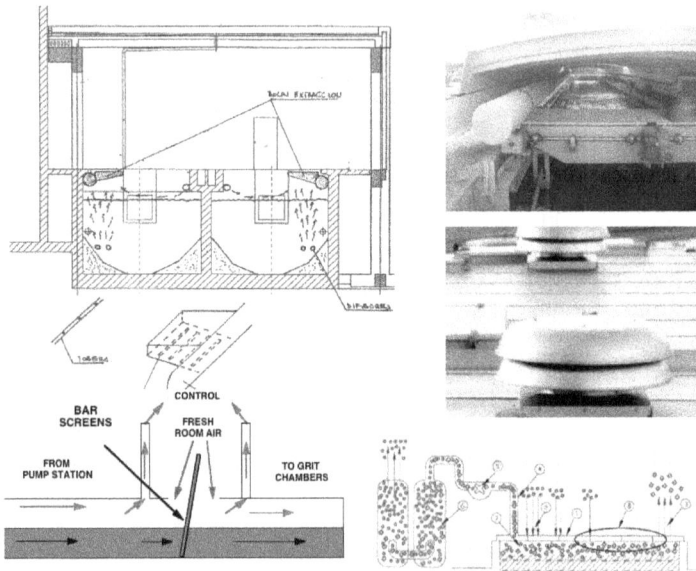

Fig. 19. Diferentes problemas y soluciones en captación

De los materiales utilizados en la actualidad para los cubrimientos, destaca el poliéster reforzado en fibra de vidrio (PRFV) y el aluminio, frente a otros como el hormigón, la madera, las lonas de PVC y el polietileno (membranas flotantes). En aluminio resulta económica por existir mayor número de proveedores, ligero y fácil de instalar. El PRFV se fabrica con diferentes tamaños, formas y resinas (la isoftálica y viniléster le confiere gran resistencia a la corrosión).

Sistema de Ventilación

Las ventilaciones industriales presentan dos grandes diferencias en función de que el sistema esté destinado a instalaciones a la intemperie o se trate de recintos ya confinados por naves. En el primer caso, el objetivo será evitar cualquier emisión maloliente, bajo condiciones de seguridad laboral, y en el segundo deberá garantizar que el recinto reúne condiciones específicas para el trabajo.

Para áreas cubiertas a la intemperie (tanques, canales, etc.) se incluirán puntos de entrada de aire controlados pero no forzados. Su posición será estratégica para moverlo en determinadas direcciones eliminando los espacios muertos. Para evitar pérdidas en otras zonas por aberturas o juntas se garantizarán depresiones adecuadas. En algunos casos estas entradas no serán necesarias ya que el elemento cubierto tendrá aireación. Es recomendable hacer estas entradas un diámetro aguas arriba y dos diámetros aguas abajo si se trata de un tubo.

Para naves industriales, la instalación de ventilación por dilución debiera incluir tanto la impulsión como la extracción. La impulsión conlleva la toma de aire, los conductos, sus rejillas, y la calefacción o refrigeración.

Los dos aspectos más importantes a la hora del diseño de la ventilación serán:

- Determinar el caudal de dilución teniendo en cuenta los flujos de emisión y los caudales internos o externos aportados al sistema.
- Conseguir circulaciones unidireccionales evitando concentraciones estancas.

El caudal necesario para mantener fija la concentración dado un valor constante de velocidad de generación de gas (hipótesis), se deduce del balance de materia de contaminantes, suponiendo un caudal producido constante y el de entrada por infiltración despreciable:

$$\text{Acumulado} = \text{Generado} + \text{Entrada} - \text{Eliminado}$$
$$V \cdot dC = G \cdot dt - Q' \cdot C \cdot dt$$

Donde:

V = volumen del local

G = velocidad de generación

Q´= caudal efectivo de ventilación (Q/K, K es un factor de seguridad de 1-10, para tener en cuenta un mezcla no perfecta). El valor se basa en:
- Eficacia de la mezcla y distribución del aire introducido
- Toxicidad del disolvente
- Otras como, duración del proceso, ubicación de focos, cambios estacionales, reducción eficacia equipos, etc..

Q= caudal real de ventilación

C = concentración de gas

t = tiempo

Q/V = número de renovaciones por hora

En estado estacionario dC= 0 luego $\quad G \cdot dt = Q' \cdot C \cdot dt$

De donde el caudal efectivo necesario será Q´=G/C y dado que la mezcla será incompleta el real será Q= Q´* K.

En estado no estacionario $\quad dC/(G - Q' \cdot C) = dt/V$

Que integrado $\ell n \left[G - Q' \cdot C_2 / G - Q' \cdot C_1 \right] = -Q' \cdot (t_2 - t_1)/V$

Esta ecuación permite conocer el caudal de dilución Q´ considerando el intervalo de una hora (número de renovaciones). La concentración C2 debe ser el valor límite umbral (TLV).

Si se desea conocer el nivel de concentración C2 al cabo de un tiempo t2-t1, considerando que se genera G constante y si C1=0:

$$C_2 = G(1 - e^{-(Q'^*\Delta t / V)}) / Q'$$

Las formulaciones permiten hacer un cálculo con facilidad de la concentración de una sala transcurrido un tiempo de funcionamiento del sistema de extracción. Para un conocimiento más científico y estimación precisa del caudal de emisión del líquido hay que referirse a la teoría de las dos películas que es la más extendida o a ratios específicos.

De forma simplificada es útil evaluar el tiempo requerido para que la ventilación reduzca la concentración del contaminante a un valor y el necesario para hacerlo a la mitad, supuesto que no se genera en ese tiempo G=0, usual en higiene industrial. Por ejemplo, suponiendo K igual a 1 (mezcla perfecta), ventilando a 2,3, 4,6 y 6,9 veces el volumen (Q/V*Δt) la concentración se reduce hasta un 10%, 1% y 0,1%, e igualmente después de mezclar un 50% del volumen con el aire contaminado la concentración se habrá reducido a cerca del 40%:

$$C = C_1 e^{-(Q'/V)\Delta t}$$ (concentración de gas contaminado)
$$t = -\ell n(C / C_1) / (Q'/V)$$ (ecuación de tiempo de purga)

C= concentración que queda después de operar el sistema de ventilación
C_1= concentración inicial del contaminante (mg/m3 o ppm)
Q= caudal de ventilación, el mayor del insuflado o extraído (m3/h)
V= volumen del espacio (m3)

Es habitual expresar los limites TLV-TWA (8 horas), o LII (límite inferior de inflamabilidad) en ppm. La conversión se realiza por la fórmula:

Concentración $\qquad ppm = d \cdot 24,45 / PM$

Donde : d = densidad relativa del disolvente (mg/m³) y PM = peso molecular (g)

> El cálculo de la ventilación por el número de renovaciones no es un criterio preciso. La ventilación depende del problema a tratar y no del tamaño del local en el que se presenta. Así por ejemplo, para locales de la misma superficie y diferente altura, considerando la misma fuente de emisión, se requiere para un caudal de renovación Q´ constante un número de renovaciones diferente.

No hay regulación concreta sobre el número de renovaciones que hay que efectuar en el caso de aguas residuales. No obstante, existen recomendaciones dadas por asociaciones del sector, basadas en la NFPA 820 sobre protección contra incendios. En las estaciones de bombeo con acceso a personal, los valores comprenden desde el mínimo de 12 r/h si es renovado de forma continua y 1 r/h si está desocupado, hasta 60 r/h para una completa seguridad. En general esta estandarizado considerar de 4-6 r/h para áreas no transitadas cubiertas (vacío o 120-200% lleno) y 12 r/h para naves industriales. La elección de la tecnología de desodorización impone restricciones al mínimo de renovación por la cantidad y tipo de contaminante, necesitándose generalmente una dilución mayor y en consecuencia más renovación de la prevista. Por otra parte el reglamento de lugares de trabajo (RD 486/1997) establece 30m3/h de aire limpio por trabajador para sedentarios y 50 m3/h para aire viciado y olores desagradables, sin perjuicio de lo establecido en el reglamento de climatización y código técnico de la

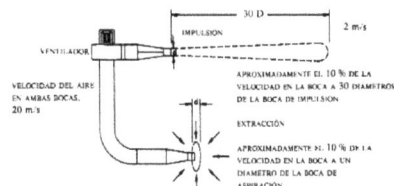

Fig. 20. Impulsión frente a la extracción

edificación de tratamiento más específico. Igualmente hay que tener presente la posible clasificación del local o zona como Local con Riesgo de Incendio o Explosión (L.R.I.E.) según Directiva ATEX, y su desclasificación por ventilación. Algunos de los accidentes producidos por emisiones repentinas de sulfuro de hidrógeno se asocian a desplazamientos de gases por efecto de émbolo, o por la salpicadura producida por la caída de una cantidad importante de fangos.

El otro aspecto relevante en la ventilación es comprender la diferente fluidodinámica que presenta la impulsión frente a la extracción. Cuando el aire es impulsado por una abertura mantiene su efecto unidireccional más allá del plano. Sin embargo, si fuera invertido, es decir una extracción del mismo caudal, se volvería no unidireccional y su radio de influencia reducido considerablemente. Por esta razón la extracción localizada solo es útil en la proximidad inmediata del foco emisor.

Matemáticamente esto puede justificarse si se considera un sumidero puntual que expulsa el aire por el otro lado. Para éste las superficies de igual velocidad son esferas de centro en dicho punto. La velocidad a una distancia X del orificio de extracción es $V = Q/4 \cdot \pi \cdot X^2$, comprobándose como la velocidad de atracción decrece inversamente proporcional al cuadrado y V/Vo =0,1 (10% velocidad máxima) para una distancia próxima al diámetro del tubo. Por otra parte, el chorro que se impulsa mantiene su forma, y así el perfil desde el eje del chorro al tubo a una distancia es, $V = V_0 \cdot 0.48/(a \cdot y/d + 0,145)$, donde a = 0,15 para chorros circulares, y la relación V/V$_0$ = 0,1 se produce a una magnitud de 30 veces el diámetro del tubo (Fig. 20).

Estrategia

Los vapores y gases, entre los que se encuentran los malolientes generados en depuración, no tienen grandes inercias, por lo que se mueven con gran facilidad si lo hace el aire que los rodea.

Es habitual ver cómo, derivado de la diferente densidad del gas sulfhídrico respecto al aire, se sitúan rejillas de extracción en la parte baja de las naves, lo que es erróneo en algunos casos, ya que las concentraciones no son elevadas y la inercia al movimiento del aire tampoco, comportándose el gas como el resto del aire y dispersándose, salvo que hubiese desprendimiento a la vez de frío o calor.

De modo general, lo aconsejable es disponer de una estrategia de movimiento del aire (Fig. 21) para el caso de tener que ventilar una nave, de forma que se pueden plantear cuatro:

- Pistón.- crear una corriente unidireccional a modo de cortina por toda la habitación hasta la zona de extracción. La alternativa varía de ser horizontal, vertical o parcial según el pistón generado. Puede resultar caro por la cantidad de aire a mover.
- Estratificación.- reemplazar de forma forzada el aire que se ha movido cuando existen diferentes densidades, especialmente cuando el gas es caliente o frío.
- Zonificación- impulsar aire en una zona como puede ser la baja a fin de que se estratifique en la superior u otras áreas, haciéndola limpia (por ejemplo con una corriente de aire de 20-40 $m^3/h/m^2$ por superficie a una altura de 3 m).
- Mezcla. – proveer ventilación uniforme en todo el recinto.

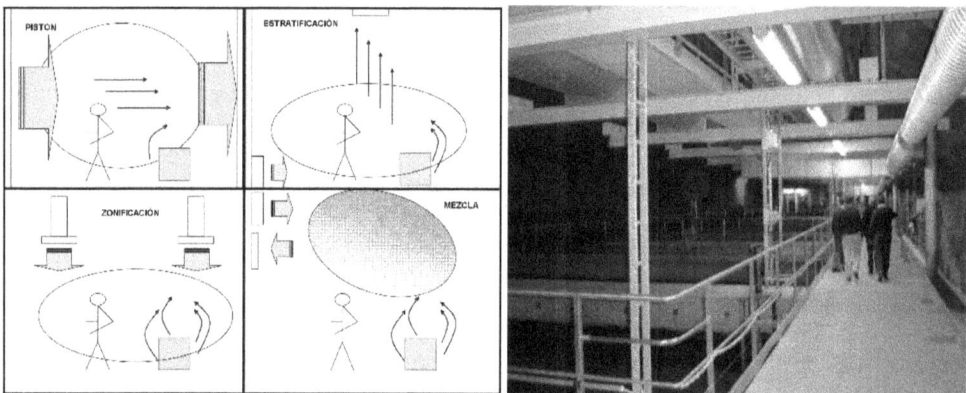

Fig. 21. Estrategias en ventilación de recintos cerrados. Zonificación

En el interior de naves es estratégico determinar si se opta por una ventilación general o localizada. En el segundo caso el sistema deberá captar y eliminar los contaminantes antes de que se produzca su emisión externa. Los confinamientos en general y la campana y cabina en particular, son los puntos de partida para determinar velocidades y caudales de aspiración, establecer las velocidades mínimas de los conductos y calcular las secciones por su cociente caudal/velocidad. Se puede optar por:

- Una red en paralelo totalmente equilibrada que capta independientemente el aire de cada proceso.
- Una red en serie de forma que el aire va de zonas menos contaminadas a más. Pueden darse cortocircuitos si se deja parte de la instalación al descubierto para su limpieza.

Captación

En las ventilaciones que pretenden recoger el contaminante de forma local, el dispositivo de captación es esencial para la eficacia del sistema.

Las campanas son receptores situados cerca del foco pero sin encerrarlo. Se utilizan generalmente en procesos térmicos o mecánicos estando situados en función de las condiciones del contaminante (superior si es caliente). El caudal con el que se trabaja siempre es muy superior al del foco, especialmente si se trata de contaminantes adyacentes a los que hay que atraer mediante una corriente que genere una velocidad suficiente (0,25 m/s para gases o vapores). Esto se debe a que la de arrastre es inversa al cuadrado de la distancia entre el foco y la campana, por lo que corresponde a un caudal cuádruple del necesario.

Presurización

En la mayoría de los casos interesa tener una depresión del local o recinto confinado a ventilar, a fin de evitar riesgos de seguridad e higiene y escapes de aire. La ventilación de zonas cubiertas debe garantizarse con depresión, evitando la exposición a gases de equipos eléctricos y la entrada de personal.

En un edificio si la cantidad de aire extraída es superior a la introducida (mecánica o natural), la presión del local será inferior a la atmosférica, lo que se conoce como presión negativa, y evitará que se produzca una salida incontrolada por rendijas, puertas y paredes. Para minimizar los efectos que esto tiene se precisan sistemas mecánicos de introducción del aire. No más de la mitad del caudal aportado debe ser por infiltración, cuidando la disposición de las entradas del aire introducido para evitar cortocircuitos (juntas o en la misma cara de la de extracción) y disponiendo de compuertas de regulación. Es importante vigilar la apertura incontrolada de puertas y ventanas, para lo que se puede disponer de algún sistema de detección automática. El uso de cortinas de aire en puerta esta limitado a alturas pequeñas. También debe vigilarse la ubicación de las tomas de aire exterior colocándolas lejanas a los focos de contaminación exterior.

Hay una presión negativa como consecuencia de un aporte de aire inferior al extraído lo que provoca una presión extra que debe vencer el ventilador y que ocasiona una reducción de su caudal, especialmente cuando se trata de ventiladores de baja presión. Es conveniente en extracciones localizadas sobredimensionar un 10% dado el deterioro posterior de los cubrimientos y las aperturas que provocan los mantenimientos ordinarios.

Normalmente el aporte de aire debe ser casi igual al extraído (por aportación controlada). Sin embargo, suele tomarse como caudal diferencial aportado por la infiltración un 10% del total. Se elaborará un inventario y se tendrá en cuenta el caudal para originar la depresión y los generados (como en las zonas de aireación) o demandados (máquinas de combustión). En cubas aireadas el caudal debe ser 1,3 veces el de aireación.

Puede realizarse un cálculo más preciso en función de la presurización que se estime conveniente:

$$Q = 0,827 \cdot (S_S + S_p)\sqrt{P}$$

Q (m³/s) y P en Pa
S_S superficie de la infiltración libre
S_P superficie de la porosidad, rendijas, etc.

El caso concreto de renovación de aire en zonas como tanques y canales ha sido tratado (Del Río, 1997). La velocidad en las rendijas y en consecuencia el de infiltración está relacionado con la presión como se ha visto. Tomando la expresión anterior en forma de pérdida de presión:

$$\Delta P = 1.78 \cdot V_p$$

C_L= coeficiente de pérdida (1.78)
V_P= d/2(Q/Cf)^2 presión de velocidad

En cubiertas que no están sólidamente fijadas o selladas el cálculo es inexacto y se hace empíricamente, estando tabulado el flujo de aire en función de las presiones establecidas. Puede emplearse un flujo de aire por m2 de cubierta de 0,005 m3/s/m2 para una presión suficiente. Son interesantes presiones de trabajo de 3-5 mmH2O en función del tamaño del tanque, compensando además el deterioro con el tiempo. Esto no puede mantenerse en naves ya que para valores mayores de 1,25 mmH2O se dificulta la apertura de puertas. Interesa en cualquier caso que el flujo de aire por las tomas correspondientes para renovación del mismo mantenga la velocidad de 0,4m/s, evitando de esta forma su escape. No tener en cuenta estas cuestiones en un foco doblemente confinado, supondría un impacto en la sala donde esta, por la infiltración generada por la depresión de la extracción general.

Las salas de equipos delicados como los eléctricos y de control trabajaran con ventilación a sobrepresión de forma que se garantice la limpieza del aire.

<u>Evacuación a la atmósfera</u>

La capacidad de la atmósfera para dispersar contaminantes es limitada, por lo que es necesario conocer el comportamiento de ésta. En muchos casos se encuentra estratificada condicionada por el lugar donde se ubica la instalación (cercana al mar, valle, etc.), la hora del día y la época del año. Así el viento en la capa superior, las nubes, los edificios cercanos, y otras condiciones pueden ser determinantes.

Lo que más afecta a la capacidad de dispersión es la temperatura y el viento, pero también lo es la característica del foco emisor. La masa de gases vertidos por la chimenea no dispersada se llama penacho. Es clave la velocidad de la corriente emitida (es óptimo 10-15 m/s), ya que si es baja provocará que el viento arrastre el penacho hacia abajo (equipos para lanzar la pluma con aislamiento al ruido). La temperatura si es alta permitirá su elevación, lo que se va igualando a medida que asciende. Por último, la altura de la chimenea evita variaciones microclimáticas y por otra las turbulencias de obstáculos próximos que provocarían aprisionamiento.

Fig. 22. Evacuación de pluma

<u>Sistema de extracción localizada: cálculo y puesta en marcha</u>

El cálculo de una instalación de ventilación consiste en la correcta elección de los diámetros de los conductos y su pérdida de carga. Estos datos junto al caudal determinan el ventilador adecuado para la instalación, a una velocidad de giro y potencia exacta.

En primer lugar hay que definir los lugares que van a ser fuentes del sistema, dibujando un esquema unifilar de la red. A continuación, se seleccionarán los elementos de captación para fijar su caudal y pérdida de presión.

En vapores, gases y humos suele usarse una velocidad entre 5 y 10 m/s para los conductos (la velocidad baja produce sedimentación y la alta ruido), determinando sus diámetros, supuestos los caudales a circular. En algunos casos puede suponerse velocidades algo superiores, hasta 13 m/s, para evitar contingencias como obstrucciones, deterioros, fugas, corrosiones o erosiones del ventilador y otros. La pérdida de presión se calcula por el método de la presión dinámica o el de la longitud equivalente.

En un sistema múltiple que comprende diferentes tomas, con campanas y conductos secundarios es aconsejable un diseño bien equilibrado o compuertas de regulación. En las uniones se produce un equilibrio de presiones. Cuando se calcula la presión de una unión desde la captación, se puede modificar el diseño del tramo que da una presión inferior, de forma que se aumente el caudal y en consecuencia su carga. El otro procedimiento de equilibrado consistiría en disponer de compuertas que se ajustarán una vez puesta en marcha la instalación a los caudales deseados.

El rango de presiones de un sistema de desodorización está entre 500 y 2300 Pa (51-230 mmH2O) siendo mayor si se dispone de biofiltros. Hay que prever drenajes de los tubos adaptando las pendientes a las posibles condensaciones internas, al conducirse por zonas frías o arrastrar agua. En cuanto a la elección de los materiales, dado lo corrosivo del gas, son aconsejables los plásticos como polipropileno y PVC.

Todos los sistemas de ventilación deben ser comprobados una vez instalados en todas sus situaciones, normal y anormal funcionamiento. Los testeos permitirán comprobar que las cubiertas son totalmente estancas. Es importante hacerlo considerando presiones mayores y menores (al menos 2,5 veces) que las diseñadas para el caudal nominal.

En general, de todas las medidas a efectuar la más importante es la de caudal. Para ello suele emplearse un anemómetro o termoanemómetro a fin de conocer estos valores en los conductos principales, espacios abiertos y bocas de aspiración e impulsión. Existen equipos portátiles de medida de presión diferencial y estática muy útiles para los conductos y el ventilador, así como en aquellos otros elementos del sistema sensibles de ocasionar pérdidas.

Las mediciones de baja velocidad para observar el movimiento y dirección del aire en una nave pueden realizarse conociendo el tiempo que tarda en moverse una nube de humo generada por algún dispositivo. Esta flota libre y fácilmente porque tiene la misma densidad que el aire ambiente. Pueden ser equipos que producen el humo contenido en una ampolla (mezcla de alcoholes inofensiva para el medio ambiente). Un calefactor del instrumento calienta el líquido, de forma que condensa al entrar en contacto con la humedad del aire ambiente. También hay sencillos tubos fumígenos (ácido sulfúrico fumante), que cuando se abren, se bombea utilizando una pequeña pera de goma. Al contacto con la humedad del aire, se produce un humo blanco visible que se deja transportar por cualquier corriente de aire existente.

Existen gases trazadores como el hexafluoruro de azufre SF6 (poco tóxico, no se encuentra habitualmente en el aire y presenta un límite de detección muy bajo) que introducidos de forma continua junto al aire entrante en el sistema y tomando muestras que son analizadas aguas abajo, permiten evaluar el rendimiento Se utilizan tres métodos: de la caída de la concentración, de la emisión constante y el de la concentración constante.

Fig. 23. Trazador de gas Draeger

Estas medidas de comprobación pueden ser también efectivas en la investigación de problemas, como es el caso de las emisiones furtivas generadas en la red de saneamiento.

Conviene observar la seguridad del sistema, por lo que el personal que tenga acceso debe conocer las normas aplicables a recintos confinados. En especial habrá de medirse el valor del gas (H2S, CH4, H2, CO2, CO, Cl, C2H6, N2) en cuestión así como el de oxígeno, ya que el primero puede desplazar al segundo. Por esta razón es de importancia disponer de un sistema automático que avise al superar los valores máximos admitidos o al parar la ventilación.

4.2.2. Tratamiento del aire odorífero

Los métodos que se pueden considerar para tratar el aire odorífero son:

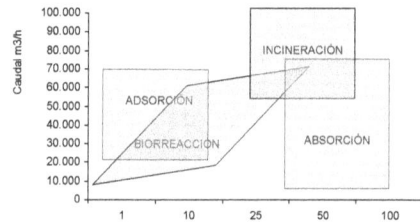

Fig. 24. Tecnologías de tratamiento

- Lavado químico por vía húmeda.
- Oxidación biológica.
- Adsorción en lecho fijo, por ejemplo sobre carbón activo.
- Oxidación térmica.

Los principales criterios de sección de la tecnología están basados en el coste, rendimiento y espacio necesario. Otra cuestión a tener en cuenta es la necesidad de manipulación de productos químicos peligrosos.

Estas tecnologías no son excluyentes y la adecuada combinación de ellas puede ser la opción más efectiva. Así en la actualidad se plantean tratamientos de hasta tres torres de lavado químicas o combinaciones de químico, biológico y carbono activo, para el tratamiento efectivo de todos los compuestos (gases de línea de fango).

Es importante tener en cuenta siempre los niveles de concentración y caudales vehiculados. Esto puede condicionar la selección de la tecnología de tratamiento e incluso la combinación que se haga. Se presenta una tabla y grafico con las características de cada una de ellas (Tabla 13-Fig. 24). Existe una tendencia generalizada al uso de tratamientos biológicos, incluso reconvirtiendo por similitud torres de adsorción en biofiltros percoladores.

	Adsorción	Incineración	Scrubber	Tratamientos biológicos	
				Biofiltro	Bioscrubber y Biofiltro percolador
Aplicación	Eliminación de olores y COVs. (virgen para COVs e impregnado para H2S).	Olores y COVs	Olores, COVs y gases ácidos	Olores y algunos COVs	Olores y algunos COVs
Corriente de entrada	Bajas concentraciones, caudales bajos. No aconsejable para partículas o gran contenido de humedad	Altas concentraciones, altos caudales. Las partículas pueden ocasionar bloqueos, fallos o desgastes.	Media-baja concentración. Altos caudales. No bueno para la eliminación de partículas.	Media concentración. Medios caudales.	Alta concentración. Caudales medios.
Eficiencia (%)	> 90 % pero puede ser mayor con etapas exclusivas en serie	Puede ser > 99% pero suele quedar un olor residual a productos químicos en combustión	90 % con agua, pero puede ser mayor hasta el 98% con apropiados productos químicos en uno o más fases, o scrubbing catalíticos	Filtros de turba más del 95 % si está bien mantenido 90-99%. Limitado por condición ambiental	Más del 95 % si está bien mantenido
Costos relativos: • Instalación. • Operación	Bajo. Medio-alto (depende del número de etapas). Costos de regeneración pueden ser considerables.	Alto. Alto.	Medio. Medio (depende del número de etapas)	Bajo. Bajo.	Alto. Bajo-medio.
Uso de la energía	Bajo, depende de la presión de trabajo	Alto. El calor desprendido se puede recuperar	Medio. La energía requerida para mover el gas y reaccionar. Pueden ser dos o más etapas.	Relativamente baja	Medio
Requerimientos de mantenimiento.	Bajas necesidades de mantenimiento. La regeneración en el lugar es compleja	Alto	Generalmente alto. Algunos reactivos son corrosivos o producen sales que bloquean	Mantenimiento diario, pero no complejo. A menudo despreciable. Gran resiliencia	Bajo-medio. Gran resiliencia
Uso del agua			Si en agua es usada como reactivo, particularmente si se tira	Regular. Es necesario el riego	Uso puede ser alto.
Uso de materia prima	Bajo si es regenerado	Gas natural para mantenerlo	Alto uso de reactivos, necesario un control	La turba debe ser reemplazada pocos años, no es problema el residuo	Uso de fertilizantes
Generación de residuos	Carbón saturado, a menos que sea regenerado (lo que produce corrientes de gas que tienen que ser tratadas)	Escapes al aire. NOx, CO, compuestos de S o Cl que producen SO2 y HCl	Puede producir fangos y reactivos que son difíciles de tratar. Grandes cantidades de efluentes pueden ser generadas donde los niveles de residuo	Posibles olores y actividad biológica de los residuos.	Puede llevar microorganismos
Comentarios	Bueno para pequeñas operaciones donde sea desechable. Caro para grandes escalas. Gran variedad de tamaños (se adapta a EBARI).	Tener cuidado con el envenenamiento de la catálisis. Hay un potencial gas para generar vapor. Algunos compuestos como el amoníaco necesitan de altas temperaturas	Se necesita espacio para las tareas de mantenimiento (desaconsejable en EBARI).	Necesidad de espacio.	Mucho más pequeño. Puede envenenado.

Tabla 13. Tecnología de tratamiento

<u>Lavado químico por vía húmeda (absorción)</u>

Se trata de los procesos desarrollados en vía húmeda mediante reacciones químicas y tratamientos de oxidación reducción, por la que hay un contacto del gas en las torres de lavado (scrubber). Los componentes malolientes del gas son transferidos a la fase líquida donde una reacción química tiene lugar.

Esta tecnología es la habitual cuando se trata de grandes cantidades de gas con concentraciones bajas y medias. Tiene problemas para la eliminación de compuestos de baja solubilidad (CORA), y los resistentes a la oxidación, como el metil mercaptano y compuestos orgánicos del nitrógeno (aminas). Por esta razón se utilizan solo como primera etapa de otro tratamiento cuando existen altos niveles de sulfuros.

A bajas concentraciones y bajo pH se producen emisiones de cloro al utilizar estos compuestos para la oxidación. La obstrucción por carbonatos y azufre elemental es otro problema que presenta

La configuración más común es la de una torre vertical en lugar de la horizontal, rellena de material inerte de cerámica, metal o plástico con forma de esfera o anillo de relleno fluidificado, preferentemente estructurado, para optimizar el contacto gas líquido y horizontal (Fig. 26). En el interior el gas contaminado se eleva a través de la torre y la solución cae, después atraviesa una separación de gotas que evita su fuga (escurridor). El líquido es normalmente recirculado por una bomba hasta la parte

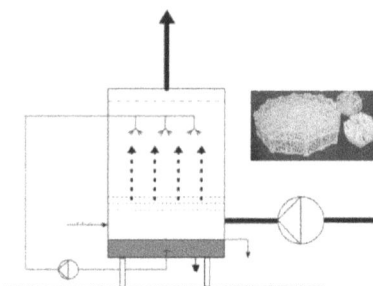

Fig. 25. Torre de lavado

superior anterior al escurridor. Los aditivos químicos son añadidos en la parte baja o en el tubo de recirculación, transformándose por la reacción con el gas soluble en sales, que deben purgarse periódicamente.

En principio el agua es capaz de absorber hasta un 90%, aunque para aumentar la eficiencia se añaden diferentes compuestos químicos en una o varias etapas. La selección química es crítica para la operación y coste de mantenimiento. Usando solo sosa es más económico para eliminar altas concentraciones de H_2S (25-100 ppm) frente al uso combinado con hipoclorito, especialmente cuando las cantidades de CO_2 son superiores a 2.000 ppm, por el consumo excesivo que hace la eliminación del CO_2 a un pH de 10.

La intención de la actuación es generar un elevado pH para disolver una gran cantidad de H_2S en el agua. Con esta configuración se logran rendimientos del 90-95% pero no se actúa sobre otros compuestos.

Se utiliza solo hipoclorito cuando el H_2S es hasta 10 ppm, de forma que para valores superiores cae el pH produciéndose olores del cloro, por lo que sería aconsejable una etapa de sosa cáustica para corregir el pH.

Considerando la disposición de dos o tres torres:

La destrucción de compuestos nitrogenados (amoniaco y aminas) se realiza manteniendo una concentración ácida del baño (pH 4-3), por ejemplo con ácido sulfúrico con concentraciones de 3-4%. Esta tecnología es viable hasta 50-100 ppm, siendo para cantidades mayores necesarios procesos industriales de recuperación.

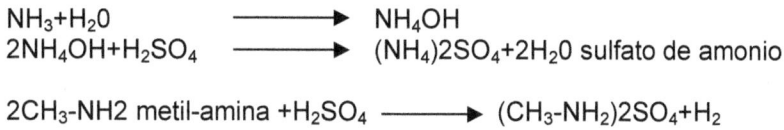

$NH_3+H_2O \longrightarrow NH_4OH$

$2NH_4OH+H_2SO_4 \longrightarrow (NH_4)2SO_4+2H_2O$ sulfato de amonio

$2CH_3-NH2$ metil-amina $+H_2SO_4 \longrightarrow (CH_3-NH_2)2SO_4+H_2$

En una segunda etapa se eliminan el H2S, mercaptanos (-SH) y dimetil sulfuros mediante una mezcla de dos soluciones. Las reacciones son una primera de absorción (solución sosa de pH básico al 10%) por la que se capturan las partículas del gas por el líquido, seguido de una oxidación (hipoclorito sódico al 5%).

Esta es la disposición habitual.

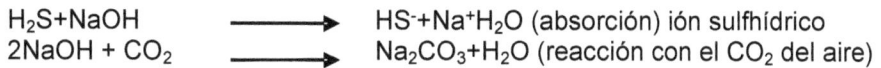

$H_2S+NaOH \longrightarrow HS^-+Na^+H_2O$ (absorción) ión sulfhídrico

$2NaOH + CO_2 \longrightarrow Na_2CO_3+H_2O$ (reacción con el CO_2 del aire)

Reacción de oxidación

$HS- + 4NaOCl \longrightarrow SO_4= +4NaCl+H+$

Cuando los contenidos de CORA son altos conviene una torre de sosa a un pH neutro seguido de otra con mezcla de la solución anterior a un pH básico. Se trata de destruir el 5% restante del H2S y el 50% de los mercaptanos, captando el cloro residual emitido por la torre segunda. Las reacciones de absorción y oxidación son similares a la anterior, pero al aumentar el pH las de los mercaptanos son favorecidas (pH 9.5 y cloro residual de 0.3 g/l). En los casos en que se encuentre presente una elevada concentración de aldehídos y cetonas se requerirá un lavado con bisulfito sódico.

Parámetros de trabajo típicos son los siguientes:

Scrubber de solo sosa pH = 11,0 a 11,5 (es crítico su control)
Sosa e hiploclorito scrubber pH = 9,5 a 10 , Rédox = 600 – 700 (mV)
Scrubber para amoniaco pH = 4,0 a 6,0

Puede haber problemas de contacto por una mala distribución del aire que pasa por el relleno o por obstrucción. Su detección se produce cuando el pH y el rédox caen más del valor necesitado para una operación eficiente, o midiendo la presión del caudal de aire de los tubos,

Algunas consideraciones generales son:

- En el packing, para una buena mezcla es conveniente una velocidad de 1-2 m/s. El volumen recomendable es 1 m3 por 0,5 m3/s de gas. La recirculación de líquido no debe ser menor de 85 l/m por 1 m3/s de gas.

- Las torres con un alto nivel de líquido y bajo de gas no requieren distribuciones especiales. Lo normal es la superior por vertederos u orificios que es más barato de mantener, al ser las pérdidas de carga menores, aunque no la inversión. El sistema alternativo al packing es atomizar el líquido con inyectores lo que es solo interesante para torres pequeñas (obstrucción boquillas).

- La posición de los ventiladores a la entrada de la torre (posición forzada) los salva de corrosión del líquido del scrubber, pero puede provocar pérdidas, especialmente de cloro al generar sobrepresión en la torre. No se debe entrar con el gas a velocidades de más de 7,5 m/s, siendo ideal 5 m/s.

- La inyección química se puede hacer antes (mejor mezcla), después de la bomba, o en la parte baja del scrubber.

- Un problema es la falta de distribución u obstrucción del packing. Se puede solucionar si hay un buen caudal de líquido: ratio convencional 80-1000 m3/m3 (gas/líquido), ratio extra 400 m3/m3.

- La obstrucción del packing por sales se elimina por un lavado con ácido (HCl 5%). Puede ser necesario el ablandamiento de agua.

- La cantidad de agua purgada si es demasiada tiende a gastar producto químico, y si es pequeña causa una saturación salina (0,22 m3/h por 784 m3/h), por carbonato cálcico y sulfato cálcico a alto pH > 11.

- Vigilar la presencia de cloro aminas si no elimina el NH3.

Se han desarrollado scrubber catalíticos cuando era necesario un gran número de etapas con diferentes reactivos, concentrando la actuación en una sola, y lográndose eliminaciones hasta 100 ppm de sulfhídrico.

Existe la posibilidad de utilizar peróxido como sustituto del hipoclorito, aunque es muy soluble, por lo que tiene problemas para eliminar los compuestos orgánicos. El permanganato potásico produce dióxido de magnesio que obstruye el packing.

Adsorción

Se trata del fenómeno por el que líquidos o gases se acumulan en un sólido. Existen materiales que son adsorbentes, de los que el carbón activo granulado es el más usado (más superficie y capacidad). Éste presenta una estructura porosa que conforma una red de canales de gran superficie (1000 m2/g). El proceso conlleva la transferencia de las moléculas de gas al sólido y la difusión a través de los poros para finalmente ser adsorbida a la superficie interna (adsorbente) por interacción físico-química. La acción inversa por la que se eliminan las sustancias retenidas es la desadsorción. En el caso de los compuestos reducidos del azufre incluido el sulfhídrico, son más o menos oxidados a otros menos malolientes y de peso molecular mayor que quedan retenidos.

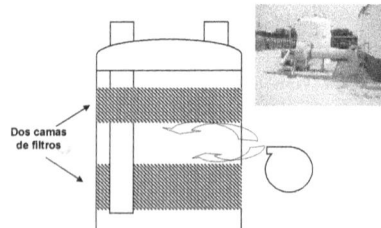

Dos camas de filtros

Estas instalaciones son recomendables para caudales medios bajos, y por cuestiones de espacio. Asimismo, es el mejor método para la eliminación de COVs odoríferos del agua

Fig. 26. Filtro de carbono activo

residual, frente a tratamientos físico químicos en que se actúa principalmente sobre una sustancia determinada (Fig. 26).

Dos son los aspectos que merece la pena considerar en el diseño aunque suponga un precio mayor, el tamaño del poro del carbono y la impregnación (disminuye el poro).

Un adsorbente debe ser previamente impregnado por un reactivo que selectivamente destruya o elimine compuestos específicos, o con una catálisis que acelere una reacción en un sentido, generalmente la oxidación por el aire.

Se pueden plantear diferentes opciones: la adsorción en carbón activo virgen, la impregnación con un óxido o sal metálica (material peligroso) y la neutralización con base fuerte NaOH o KOH. Lo habitual es la sosa cáustica (NaOH) (CalgonIVP) que reacciona con el CO_2 atmosférico para formar carbonatos, lo que facilita la eliminación del H_2S por catálisis de la oxidación del H_2S por el oxígeno del aire, formando sulfatos (es irreversible y además son productos no volátiles). Por otra, con KI (NoritRoz3) o con tratamiento catalítico (CalgonCentaurHSV, de gran microporosidad) da lugar a $S°$, sulfatos (solubles en el agua) y sulfúrico. La disolución de estos dos últimos permite la regeneración por agua, pero no de otros compuestos que no son tan solubles como el $S°$. Las aminas necesitan impregnación de ácido fosfórico. Aunque raro, puede darse el caso de una combustión espontánea por la alta reactividad derivado de las impregnaciones (reacción exotérmica).

Si la concentración de H_2S del gas de entrada es muy elevada la capacidad del lecho se reduce rápidamente, mientras que se retrasa cuando es menor de 10 ppm. Cuando el adsorbente esta saturado, la concentración de compuestos de olor puede ser inaceptable. Por esta razón hay que realizar una supervisión periódica de la entrada y descarga. Se puede predecir cuando el adsorbente debe reemplazarse o regenerarse. Se necesitan medidores de presión diferencial, drenajes accesibles y fácil manipulación del carbón.

Se puede realizar una regeneración por calentamiento (700 ºC) o stripping (inundación, lavado con agua o sosa al 40% y secado con aire hasta 30%HR), alcanzando el 85%. La renovación, reciclaje o disposición debe ser considerada como un coste de mantenimiento a tener en cuenta. En el caso de que se trate de cantidades pequeñas a desodorizar es más barato comprar de nuevo los filtros que regenerar in situ. El coste operativo del tratamiento con carbono activo es caro, alcanzado los 2,5€/kg.

Algunas consideraciones:

• Eficiencia: al estar constituido el lecho por varias zonas mantiene el rendimiento durante su vida. Normalmente es de una profundidad de 1m y el carbón se va agotando desplazando la zona de transferencia (capa de espesor limitado donde se produce la adsorción) hasta el final o remanente del extremo.
• Capacidad: suele utilizarse unos 10.000 kg de carbón para flujos de aire de 5.000 l/s. En la práctica su uso dura unos dos años. Después de algunos ciclos de adsorción y desadsorción se puede perder la estabilidad para regenerarse.

- Temperatura: en general la capacidad de adsorción decrece con la temperatura (lo ideal es entre 10º-40 ºC): Para valores mayores de 50 ºC puede dar lugar a la desadsorción de ciertos compuestos.

- Humedad: el carbón activado es hidrófobo (no polar y no atractivo al vapor de agua). Se debe mantener una humedad por debajo del 50%, ya que a valores superiores y temperaturas bajas mejora la transferencia con el agua, condensándola y ralentizando la adsorción (la humedad es evaporado cuando el gas vuelve a estar seco). Todo esto pese a que la oxidación realizada por las impregnaciones se favorecen con la temperatura y con la humedad. Es necesario mantener el carbono a un pH >= 4,2.

- Presión: si la caída de presión a través del lecho es muy alta, se da más suciedad y abrasión de las partículas adsorbentes. El material particulado del gas puede causar obstrucción o desgaste. Se necesita en consecuencia filtros aguas arriba.

- Los diferentes compuestos odoríferos pueden tener diferentes ratios de adsorción, y por consiguiente diferentes tiempos regeneración o vida para cada compuesto. Pueden ser necesarias dos o más etapas. Con dos lechos se ofrece la misma capacidad que uno de doble espesor pero ofrece menos resistencia.

Oxidación biológica (biorreactores)

La biorreacción simplemente es el uso de microbios para consumir contaminantes de una corriente de aire. Casi cualquier sustancia, con esta ayuda, se descompondrá (desintegrará).

Estas tecnologías son de las más interesantes en la actualidad y están acaparando la mayoría de la demanda del mercado, bien como etapa única o posterior a un lavado químico. Esto se debe principalmente a la ausencia de agentes oxidantes fuertes, los ajustes al proceso en un periodo de funcionamiento (no inmediato) y la degradación rápida sin subproductos que almacenar. Pero

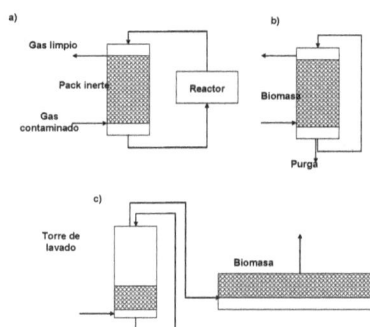

Fig. 27. Sistemas bioscrubber (a), biofiltro percolador (b) y biofiltro (c)

principalmente el punto fuerte lo constituye su bajo coste de mantenimiento. Los biorreactores utilizan únicamente cantidades pequeñas de energía eléctrica para dos o tres motores pequeños y algunos gastos de nutrientes.

Se actúa sobre aquellas sustancias que son biodegradables (casi todas las que se encuentran en la naturaleza y no son artificiales como el cloro, ozono, óxidos de nitrógeno). No se depuran bien las sustancias desinfectantes que pueden ser un veneno para los microorganismos, y las inorgánicas salvo el H2S o amoniaco.

A los olores de depuración pueden ser aplicados, mediante tres categorías (Fig. 27):

- Biofiltros de desodorización (biofiltración)
- Bioflitros percolador (biofiltración)
- Lavadores biológicos (bioabsorción)

- Una planta de tratamiento secundario (difusión de aire en lodo activo).

Si bien los mecanismos de eliminación de todos son similares basados en la degradación biológica, se pueden diferenciar en el modo en que los microorganismos se encuentran, en película (biofiltro y biofiltro percolador) y en suspensión (bioscrubber y fango activo).

Los biofiltros son los más extendidos siendo efectivos para bajas concentraciones y medios-grandes caudales, auque la necesidad de mantener los tiempos de retención de 60 segundos los hace voluminosos.

En los bioscrubber el producto es absorbido en una fase liquida de forma que es tratado por separado el lixiviado en un reactor de fangos activos, donde los microorganismos lo degradan. El efluente de la unidad es circulado sobre la torre de absorción a contra corriente del gas. La ventaja frente al siguiente sistema es la posibilidad de añadir sustancias auxiliares (nutrientes, oxígeno) y varias etapas para facilitar el paso del contaminante al líquido (es necesario una regulación precisa).

Una variante son los cuerpos de goteo (biofiltros percoladores), donde la biomasa se desarrolla en el lavador en los cuerpos de relleno, sin la presencia del tanque de oxidación; es como un filtro biológico con riego continúo del lecho recirculado y baja resistencia al aire, similar a los filtros percoladores de agua, pero desarrollado en fase gas.

En los biofiltros (Fig. 28) el gas a ser tratado es primero humidificado, para posteriormente atravesar un manto con material orgánico natural (restos de poda, turba, corteza, fibra de coco, etc.) o mixto (orgánico e inorgánico), consumidos por la biomasa (microorganismos) soportada en un biofílm, de forma que los compuestos odoríferos son adsorbidos y metabolizados.

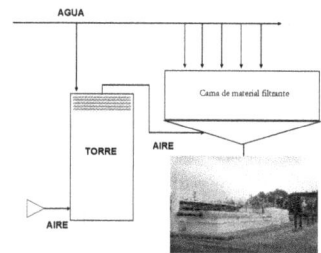

Fig. 28. Biofiltro

Es importante la selección del soporte y el mantenimiento de las condiciones de temperatura, humedad y oxígeno adecuadas para este. Conviene utilizar materiales de baja resistencia, ya que el filtro para un caudal de aire será menor, y en consecuencia su gasto energético. En el caso de los biofiltros percoladores el uso de un packing de relleno permite el uso del espacio vacío hasta un 95%, lo que reduce mucho la caída de presión.

El tipo de microorganismo necesario puede ser diverso. Para una instalación de depuración es suficiente para inocularlo, aplicar agua procedente de la etapa de oxidación. En cuanto a la construcción del tanque por el que se insufla el aire, si es de hormigón, debe ser de buena calidad ya que el ácido sulfúrico y nítrico liberado en la metabolización pueden atacar la cal. Es recomendable utilizar materiales como el polipropileno, polietileno, etc. en la instalación.

Por lo general, estas técnicas son más adecuadas para corrientes constantes con pocos cambios en su temperatura, ya que en caso contrario quedaría afectada la población de microorganismos.

El gas con los compuestos odoríferos debe reunir una serie de características:

- Temperatura: se recomienda entre 25 ºC y 35 ºC (a baja ralentiza la oxidación y a alta se mueren los microorganismos)
- Humedad: se recomienda superior a 90%
- pH: se recomienda entre 5 y 7.

En el biofiltro estas variables se controlan en un scrubber de humidificación donde se acondiciona el gas regulando la acidez. Siendo el proceso biológico un proceso húmedo, el lavado que precede satura de humedad el gas, elimina gran parte de la materia condensada que podría taponar los poros del lecho y hace de tampón para las fluctuaciones de sustancias contaminantes. Se puede prescindir de esta etapa para caudales pequeños y aire húmedo. La actuación sobre los contaminantes afines al agua es rápida, y será lenta para los menos solubles y más volátiles. Esto se debe a que la reacción tiene lugar a través de la película de agua.

Tras el lavado, el aire es insuflado lentamente por la biomasa de forma homogénea. Las sustancias contaminantes son adsorbidas en la superficie de relleno y alimentan a los microorganismos que ocupan el lecho, siendo transformadas en agua, CO_2, sulfatos, nitratos, etc. Los residuos no volátiles son eliminados por el agua de riego.

La reacción de disociación del H_2S provoca que se acidifique el biofiltro por lo que es necesaria la adición de agua por riego. Es importante pues mantenerlo con humedad (40-53%), pero evitando un exceso que taponara los poros, ya que impediría la entrada de oxígeno y consecuentemente fomentaría los procesos anaerobios. Por otra parte, una disminución llevaría a un proceso deficiente con creación de hongos haciendo al aire muy peligroso.

La rotura del manto o las contracciones superficiales dan lugar a cortocircuitos, lo que debe repararse con inmediatez. También pueden aparecer chimeneas que son canales donde desaparece la humedad, lo que provoca el escape del gas. Una forma de evitarlas es eliminando la hierba que crece en la superficie. Se recomienda para ello tratarlo una vez por semana con herbicidas. Es habitual el uso de herramientas de jardinería para esta operación. Puede agregarse nitrógeno, fósforo y potasio al incorporar fertilizantes de uso agrícola en los medios del lecho. El contenido de nutrientes de un lecho debe revisarse periódicamente presentando muestras a un laboratorio de suelos para su análisis.

Por lo general la presión aumenta con el tiempo, y su disminución indica cortocircuitos de aire. Interesa un valor de unos 35-60 mm de H_2O (situar un manómetro) a la entrada del filtro o lavador, ya que para mayores puede indicar una compactación. La presencia en la superficie de charcos o humedad puede también es signo de una inadecuada compactación.

Como buenas prácticas de seguimiento se pueden hacer: la vigilancia de la velocidad de entrada, la distribución del aire por trazadores, el consumo de los ventiladores, las muestras periódicas de gas (H_2S y NH_3 capacidad en m3/h y eficiencia en %), la humedad del manto (40%), la temperatura (indicador del flujo), el pH (4), el consumo de agua y la actividad microbiológica.

Cada vez es más habitual encontrar cubierto el filtro. De esta forma se reduce la radiación solar y en consecuencia la necesidad humedecer, así como la influencia del viento y el crecimiento vegetativo. También se están diseñando en posición vertical al objeto de disminuir la superficie ocupada por la instalación.

Dado que el H2S es un contaminante usual, su seguimiento lo es del filtro en general. Suele hacerse monitorizando el gas, lo que es más fácil a la entrada del filtro que a la salida, ya que en este último caso se necesita un equipo de alta resolución. El trabajo sobre el manto debe realizarse no en el perímetro sino en un conjunto de al menos 20 muestras insertando en el terreno la sonda para evitar las influencias del viento. Otra forma de medir sería cubriendo en la totalidad el foco con plásticos, aunque perderíamos información sobre una posible zona deteriorara. Una salida de 1 ppm de H2S o rendimientos del 90% implican la sustitución del filtro.

La vida útil del filtro esta condicionada por el gas. Cuando las concentraciones son de 10 ppm de H2S la renovación del filtro se realiza a los 3 años. Para valores superiores de 30 ppm se recomienda realizar un pretratamiento del gas de entrada.

Finalmente existen otros métodos biológicos alternativos de gran interés. Uno de ellos es insuflar el aire contaminado a los tanques de aireación, ya que en la etapa oxidante de depuración se encuentran los mismos microorganismos que en los procesos biológicos. De esta forma se utiliza tanto para la depuración del agua como para la desodorización del aire. Las restricciones a este tratamiento vienen dadas por la corrosión de las soplantes y limitación de caudal de oxígeno (5 ppm como H2S de entrada son admisibles). Esta tecnología también es aplicable al compost de forma que se insufle aire del fresco al maduro.

Algunas veces no es suficiente la solución de tratamiento ni a nivel de prevención por dosificación ni de tratamiento del aire contaminado. Se están planteando ya con regularidad y eficacia soluciones de tratamiento mixtas, como varios scrubber o bioscrubber seguidos por etapas de purificación de filtro biológico o carbono activo. Se puede asimismo, encontrar estas etapas combinadas o multicapa en un solo tanque de forma que se reduzca al máximo el espacio a ocupar. Estos sistemas suponen en la mayoría de los casos mayor inversión, pero menor mantenimiento.

Los filtros percoladores y bioscrubber son en la actualidad soluciones alternativas al tratamiento de gases para estaciones de bombeo (<10.000 m3/h – 50 ppm) frente al uso de los filtros de carbono activo, cumpliendo los exigentes requisitos de espacio, alcanzando rendimientos del 98% en la eliminación del olor, con una importante reducción de costes (Tabla 14). En alguna ocasión han surgido dudas sobre la recuperación del sistema tras una parada o robustez, lo que se ha despejado al llegar al 90% en las dos primeras horas, siendo total a los dos días para algunos fabricantes.

	Carbón activo	Scrubber	Biofiltro	B. Percolador
Masa necesaria m3/m2h	1000-1500	3600-7200	100-150	2000
Tiempo de residencia (s)	4-6	2-5	45-60	5-20

Tabla 14. Comparativa tratamientos

Oxidación térmica y otras oxidaciones avanzadas

Las técnicas de oxidación térmica son usadas por su efectividad en la destrucción de grandes caudales y concentración de olor al llevar a los compuestos a casi su oxidación total. Existen dos tipos, la térmica y la catalítica. La mayoría de las experiencias corresponden a postcombustión convencional de aire de hornos y biogás de digestión.

El coste de la instalación y el consumo energético es alto (sobre todo si está por debajo de límite de inflamación), pero puede considerarse una recuperación del calor por el alto poder calorífico de los gases de escape (para caudales bajos), utilizándolos para precalentarlos hasta el 70%. Tiene riesgos de combustión incompleta y de explosión.

El proceso de oxidación de gases combustibles y odoríferos tiene lugar por calentamiento del gas con aire u oxígeno a alta temperatura (800 a 1200 ºC), y algo menos si es regenerativa (350º a 500 ºC). Si es completa la oxidación se producirá CO_2, H_2O, SO_2 y NOx. Si la temperatura de incineración es muy elevada los óxidos de nitrógeno tienen que ser eliminados en una segunda etapa.

La oxidación de los compuestos odoríferos, compuestos orgánico volátiles COVs y orgánico volátiles de azufre, es completa, pero lenta en condiciones estándares de temperatura y presión. En consecuencia hoy se aplican diferentes métodos para acelerar este proceso o como nuevas alternativas. Se trata en general de las oxidaciones catalíticas y oxidaciones avanzadas.

Interacción gas-gas:
- Exposición del gas a rayos ultravioletas: se produce la escisión del H_2S en radicales que pueden ser fácilmente degradados por el oxígeno o aire. Se ha aplicado de forma doméstica con concentraciones bajas para contenedores de alimentos en combinación con ozono.
- Ozono: se puede realizar una inyección directa o combinar con filtros o absorciones. Es interesante en lugar del lavado con hipoclorito cuando hay presencia de NH_3 o aminas, ya que el primero crea otros olores y compuestos tóxicos como cloro amina. En general la ozonización es lenta excepto para el H_2S o en combinación con UV. Aunque puede ser generado in situ presenta como inconvenientes su alta toxicidad, corrosividad e inestabilidad. Su ratio de oxidación depende del compuesto y la temperatura.
- Irradiación de electrones por el efecto corona: la tecnología de plasma consiste en la destrucción del contaminante entre dos electrodos. Un pulso de alto voltaje entre ambos es aplicado periódicamente para lograr la formación de un plasma y una corona de corriente. La colisión de los electrones junto a UV provoca la fragmentación de las moléculas odoríferas que forman radicales libres. En presencia de oxígeno se genera ozono (proceso de generación de ozono de Siemens) dando lugar a una reacción de oxidación. La temperatura del gas tan solo crecerá del orden de 10 ºC, no produciendo residuos sólidos o líquidos.

Interacción gas/fase sólida
- Incineración catalítica: entre 350-400 ºC y 1 atm presión con la presencia de un metal que catalice la reacción, mejorando la oxidación térmica al bajar la

temperatura. Mejor en coste y rendimiento que los procesos de incineración o filtros de carbono (>1000 ppm). Suele utilizarse como catalizador platino, paladio, rodio, pero en cualquier caso su elección se hará con precaución dado el posible envenenamiento y la elevada inversión (21-38 €/m3).

- Membranas catalíticas: La catálisis es llevada a cabo en una membrana que puede segregar el gas limpio o inmovilizarlo previo paso por un reactor catalítico. Los problemas inherentes de la tecnología de membranas (bajos flujos y alta caída de presión) parecen haber impedido el desarrollo de la utilización comercial de esta tecnología.
- Catálisis en soporte sólido: Existen diferentes procesos de catálisis utilizados para la oxidación del H_2S. En la oxidación el gas es pasado por cámaras de absorción y regeneración así como por calentamiento, siendo necesario suministrar aire.

Interacción gas/líquido
- Oxidación húmeda: La oxidación es mejorada por el oxígeno o aire como oxidante primario bajo condiciones de alta presión (3,5-15 Mpa) y temperatura (150-300 ºC) produciendo radicales hidroxilo OH^-. Es interesante para degradar hidrocarburos y otros componentes orgánicos. La aplicabilidad está limitada a las concentraciones que pueden ser obtenidas del compuesto en cuestión en el scrubber líquido, que suelen ser bajas.
- Ozono: aplicado tanto en fase líquida como gas es más frecuente utilizarlo en la primera (supone 2 O_3 a 3 O_2).
- Oxidación Fenton: El peróxido H_2O_2 es añadido como oxidante en presencia de Fe(II). Los radicales como en el caso del ozono son generados. Una vez éstos han sido obtenidos conlleva el mismo procedimiento que la primera.
- Efecto de cavitación: envuelve la formación de burbujas en el líquido al aplicar energía eléctrica al líquido. Se genera a una temperatura extrema (>5000 ºK) y presión (>100 atm) y en poco tiempo (1 ms). Se demuestra que para una fila de burbujas las moléculas en la superficie de las burbujas o interior son fragmentadas, escapan y reaccionan (H_2S es roto).
- Oxidación basada en hierro, vanadio y otros.

Modificadores, enmascarantes y neutralizadores del olor

Consiste en la descarga de sustancias adicionales para la modificación del carácter o intensidad del olor. No son conocidas las especificaciones de los productos ni sus consecuencias. Solo debe utilizarse en casos de emergencia por cortos intervalos de tiempo. Los modificadores dan lugar a una mezcla con menor intensidad de olor que los compuestos por separado. Mediante los contraatacantes o neutralizadores la intensidad es reducida adicionado reactivos químicos o biológicos que modifican el olor (ozono, enzimas, etc.). Los enmascaradores crean un sobre olor que tapa el original (perfumes).

En cualquier caso hay que tener presente:

- Cualquier agente tóxico (H_2S) no debe ser disfrazado.
- La modificación del olor no debe ser usada para sustituir una buena práctica de mantenimiento.
- Si es posible el olor debe ser controlado en la fuente que lo genera.

- La modificación química del olor debería siempre tener un resultado menor de intensidad olfatométrica.

La utilización de "barreras vegetales cortavientos" puedes considerarse una medida de dilución por turbulencia, de enmascaramiento visual y de filtro de partículas. Se deben escoger plantaciones de hojas perennes.

<u>Desulfuraciones para cogeneración térmica</u>

Especial interés está teniendo el tratamiento del biogas de digestión de altos contenidos en H_2S para su utilización en motores de combustión interna en cogeneración, dado el aprovechamiento energético que tiene. La tecnología a usar en este caso no puede ser un tratamiento de olores, sino un sistema de desulfuración industrial. Varias son las alternativas:

En primer lugar se utilizan métodos indirectos de dosificación por compuestos inhibidores o reductores en los procesos de generación del biogás (digestión anaerobia), como por ejemplo oxígeno (hasta 5-15 % por seguridad), o sales de hierro, como el sulfato o cloruro férrico. Debe utilizarse con moderación y precaución. No es excluyente con otros tratamientos.

Muy extendido en USA desde hace tiempo, pero en la actualidad tendente a su abandono, es el lavado con scrubber de lanas de hierro (hidróxido de hierro u óxidos) o virutas, lo que tiene además de un lixiviado importante, y un riesgo de combustión y corrosión, al ser los procesos de regeneración exotérmicos. Su coste es muy bajo.

Son la desulfuración biológica con bioscrubber y biofiltro percolador, tecnologías de biorreacción innovadoras nacidas en el seno de la UE, las que ofrecen más garantías de eficacia en la actualidad, llegando hasta niveles de 40.000 ppm con rendimientos del 95%. Son caras, alcanzando los 80.000 € por kg/h de H_2S eliminado, aunque su coste operativo es muy bajo, unos 6.000 €/año,

Agente	€/kg	kg/h r/kg H2S eliminado.
NaOH	0,35	5-7
FeCl3	0,35	10
Fertilizando líquido artificial	0,25	2,5

Tabla 15. Comparación tratamientos desulfuración. Fuente MSP

Otros sistemas están siendo experimentados, como scrubber catalíticos y bioscrubber de membranas. En cualquier caso ni son tecnologías maduras ni resultan más económicas que las anteriores. En cuanto a los procesos industriales como el PSA (técnicas de adsorción desadsorción en varias etapas) solo ha sido puesto en práctica para la utilización del biogás como combustible en automóviles.

El biogas puede encontrarse a 35 °C y saturado de vapor de forma de forma que en la línea de gas de alimentación a motores se enfría y se condensa. Los sifones de situarán en puntos bajos, y se mantendrá refrigerado a una temperatura mayor que el punto de rocío, a fin de evitar condensaciones que causen corrosión.

4.3.   MONITORIZACIÓN Y PROGRAMA MEDIOAMBIENTAL

La monitorización es base para el establecimiento de un programa consistente. Es necesario valorar y cuantificar la contribución de los olores y cada acción. Es decir aquello que "no conocemos, no podemos medirlo, y lo que no puede ser medido no puede ser controlado".

Es interesante medir tanto en estado líquido como gaseoso en la red y sus instalaciones, especialmente si se pretende modelizar o servir de calibración de un modelo. La monitorización de una planta de tratamiento difiere de la realizada a una instalación de saneamiento (estaciones de bombeo, colectores y elementos particulares como alcantarillas), debiendo ser caracterizada en el tiempo (Fig. 2).

El alcance del trabajo en la red abarcará las estaciones de bombeo, colectores con tiempos de residencia importantes, áreas de turbulencia, etc. Dado que el diseño del sistema de control de dosificación de reactivos es mejorable si no esta basado en valores medios, debemos conocer en profundidad el problema, con sus valores máximos y mínimos, con la escala de tiempos definida en periodos representativos del año según generación, utilizando para ello los equipos y métodos adecuados a cada caso.

Partiendo de los objetivos y metas medioambientales que se puedan plantear en este campo, se describirá qué acciones se han de realizar, quién las ha de efectuar, cuando las va a empezar y cuándo las va a finalizar, con un cronograma de hitos y etapas importantes y significativas.

El establecimiento de este programa de gestión medioambiental permite que se cree un sistema compuesto de prácticas, documentos y mecanismos de aseguramiento o control de actividades e instalaciones que permita alcanzar objetivos medibles y asumibles en este campo. Tareas que pueden ser procedimentadas para dicho objeto son las propias de mantenimiento de los sistemas de desodorización, las prácticas ordinarias de operación específicas relativas a olores y aquellas que se deban de realizar con carácter extraordinario, como es el caso de unas condiciones nada favorables para la dispersión atmosférica.

Como ejemplo de prácticas de mantenimiento operativo que hay que recoger en estos documentos podemos enunciar:

- Inspecciones semanales de todas la instalaciones de tratamiento: visuales, reparaciones pequeñas, instrumentación.
- Ventilación: inspecciones semanales visuales. Inspecciones anuales y test de los variadores de velocidad de carácter preventivo.
- Bombas y valvulería: inspecciones semanales visuales. Ajustes o reemplazos mensuales o anuales.
- Tratamientos: de rendimiento, de salida de H_2S.
- Instrumentación: estaciones de medición del H_2S, sensores de medida de H_2S, de depresión en zonas confinadas, de confirmación de funcionamiento de ventilación, de flujos de dosificaciones y caudales de aire.

Las prácticas y el programa se revisaran anualmente por el responsable del control y seguimiento de olores conjuntamente con los de las áreas afectadas. Para la realización del programa se tendrán en cuenta una serie de aspectos, que podrán ser ponderados para la determinación de un índice general de importancia de cada acción, en función de su polución, cercanía al medio receptor e inversión necesaria.

Los progresos del programa medioambiental deberán debatirse en las reuniones de trabajo como si se tratase de otro asunto. Para esto, se realizarán reuniones con periodicidad establecida estudiando su evolución.

Hay que partir de datos iniciales que permitan recoger en los registros que se elaboren al afecto la caracterización. A la hora de evaluar unidades de las instalaciones de depuración, así como tener un registro de las emisiones que se producen, son necesarios métodos que permitan caracterizarlas de forma permanente. Su elección varía en cada situación y fuente de emisión.

En unos casos podemos tener datos continuos o discretos y en otros incluso necesitar de formulaciones matemáticas para su estimación. Los procedimientos están basados en una selectiva revisión de las técnicas y aplicaciones realizadas en medición de gases COVs y compuestos malolientes.

Para realizar una correcta monitorización de las instalaciones, debe prepararse en la medida de lo posible una documentación previa:

- Mapa de las instalaciones, si se hacen estudios de dispersión.
- Esquemas, planos de planta y diagramas de flujo de los procesos e instalaciones.
- Documentos de proyecto con justificaciones de cálculos sobre las instalaciones.
- Datos de laboratorio sobre la caracterización del agua de entrada.
- Datos de meteorología.
- Capacidad y datos sobre la ventilación y características de los equipos de desodorización.
- Localización, flujo y características de los flujos de recirculación como fangos o natas.
- Informes anuales de gestión de planta y colectores.
- Trabajos previos realizados en desodorización.
- Áreas de disposición de los residuos sólidos acumulados.
- Datos de seguridad e higiene, con mediciones realizadas en naves.
- Datos de averías de equipos.

Independientemente, conviene girar una visita a las instalaciones con personal de planta que esté familiarizado con las actividades que se efectúan. En esta visita, se puede identificar las condiciones de funcionamiento que causan mal olor. Hay que fijar la lista de elementos a incluir como registro de unidades afectadas que podrá ser amplia, es decir no solo de las que contaminan sino de aquellos procesos intermedios que repercuten de forma indirecta en la emisión. La caracterización se efectúa rellanando fichas para Colectores y Estaciones de bombeo, Datos de para Modelización de la Unidad y Resultado de Estimaciones de Emisiones. Cualquier actividad o instalación nueva debe ser incluida en este registro si se considera que tiene afecciones medioambientales en la materia.

5. VOCABULARIO

Amoniaco: se puede encontrar en las emisiones de fangos sometido a estabilización alcalina y gas de compostaje. El equilibrio depende del pH.

COV: es cualquier compuesto orgánico teniendo una presión de vapor de 0,01 kPa o más a 293,15 °K, o siendo volátil a unas determinadas condiciones de uso. Los más habituales con olor son las cetonas, ácidos orgánicos, alcoholes y aldehídos. Importante por cantidad y calidad: tolueno, p-xileno, tricloroetileno, tricloroetano, tetracloroetileno, cloroformo, cloroetano, hexano.

CORA: compuestos orgánicos reducidos del azufre (valencia -2). Generados principalmente en el espesamiento de fangos primarios

Dimetil sulfuro: es frecuentemente medido en el biogas y compostaje. Es muy soluble en agua.

Horas de olor: representa el porcentaje de tiempo en el que el olor reconocido excede un porcentaje previamente definido en el ambiente.

Inmisión: es la contaminación que permanece en los alrededores del foco contaminante, al contrario que la emisión que es la cantidad que se desprende.

Mejores tecnologías disponibles: su definición puede encontrase en el artículo 2 de IPPC de la UE. Se refiere a la medida técnica a aplicar para logra resultados exitosos en la minimización de emisiones.

Mercaptanos: son una clase genérica de compuestos orgánicos de cadena abierta que contienen una molécula de azufre. El metil mercaptano es el más común, siendo gas a temperatura ambiente.

Nivel de detección: la concentración de un olor que tiene una probabilidad de 0,5 de ser detectada bajo condiciones de test. En el caso de una muestra el factor de dilución para la cual la misma tiene una probabilidad de ser detectada de 0,5. Por definición es 1 UO/m3.

Olfatómetro: es el equipo que realiza la mezcla del gas con uno neutro en una dilución conocida al puerto de salida para su valoración.

Sulfuro de hidrógeno: es el gas más común en agua residual. De bajo nivel de detección es el responsable del olor a huevos podridos. Puede ser corrosivo al oxidarse por la acción de las bacterias. Si está en estado líquido se denomina ácido sulfhídrico o sulfhídrico de forma común.

Sulfuros: es el término general que engloba a cualquier especie química que contiene ión sulfuro (H_2S, HS^-, $S^=$). Las sustancias medidas normalmente son todos los sulfuros presentes (H_2S y HS^-) así como tiosulfatos, sulfitos y varios compuestos orgánicos. Por lo general el sulfuro total en forma disuelta es del orden del 70 al 90% del presente. Es deseable que haya menos de 1 a 1.5 mg/l (3-6 mg/l sulfuros totales) como media de las muestras realizadas en el día, si tenemos presente que a pH de 7 el 50% del H_2S esta disociado.

Unidad de olor europea (UO_E/m3): la cantidad de olor que, cuando es evaporado en un metro cúbico de un gas neutro en condiciones estándares, lleva a una respuesta de un panel equivalente al provocado por la cantidad europea de referencia de olor o MORE (123micg de n-butanol).

Valor de reconocimiento del olor: dado que el límite de detección del H_2S es muy pequeño cercano a 0,5 ppb y que según la norma VDI 3940 el valor de reconocimiento es de 3 a 10 veces este valor, un valor objetivo adecuado puede ser entre 1,5 y 5 ppb en el ambiente externo. Prácticamente aceptado el valor 3 UO/m3.

6. BIBLIOGRAFÍA

American Conference of Governmental Industrial Hygienists (1992). *Ventilación Industrial: manual de recomendaciones prácticas para la prevención de riesgos profesionales (traducción de 20th Edition of Recommended Practice, 1988. ACGIH)*. Generalitat Valenciana.

Banks Peter A. (1976). *The Problem of Hydrogen Sulphide in Sewers.Taylor & Sons&Westminster*.Disponiblehttp://www.mullalyengineering.com.au/images/product/file/Problem_of_Hydrogen_Sulphide_in_Sewers.pdf. [accedido 4 septiembre 2012].

Boon, A. G. and Lister, A. R. (1975): "Formation of sulphide in a rising main sewer and its prevention by injection of oxygen". Progress in Water Technology.7, pp. 289-300.

Bob Forbes, P.E., et.al. (2004). "Impacts of the In-Plant Operational Parameters on Biosolids Odor Quality - Final Results of WERF Odor Project Phase 2 Field and Laboratory Study". WEF/A&WMA Odors and Air Emissions.

Cudmore R. and Freeman T. (2002) *Review of Odour Management in New Zealand Nº25, Ministry for the Environment*. Ministry for the New Zealand.

City and County of San Francisco (2009). "TASK 600 Technical Memorandum No. 05 Odor Control for Treatment Facilities". San Francisco Public Utilities Commission. Disponible en pw://Carollo/Documents/Client/CA/SFPUC/7240A00/Final Draft PM-TM/600 System Configurations/Task600TM605_OdorControlTreatmentPlants (1) (Final Draft). [accedido 4 septiembre 2012]

Del Rio, Ignacio (1997). "Introducción a la eliminación de olores en la fase gas". I Jornada de Generación y Control de Olores en los Sistemas de Saneamiento. CEDEX.

Department of Sustainability, Environment, Water, Population and Communities of Australia (2011). *Emission Estimation Technique Manual for Sewage and Wastewater Treatment*

Domínguez F., Vilella E, Cavallé, N., Hernandez A. (2002). *Higiene Industrial*. Mº Trabajo y Asuntos Sociales.

Environment Agency's National Compliance Assessment Service (NCAS) (2001). *Monitoring hydrogen sulphide and total reduced sulphur in atmospheric releases and ambient air*. Environment Agency.

Scottish Executive Environment Group (2005).*Code of Practice on Assessment and Control of Odour Nuisance from Waste Water Treatment Works*. Scottish Executive.http://www.scotland.gov.uk/Publications/2005/04/2994932/49411. [accedido 4 septiembre 2012].

Frechen F. B. (1988)."Odour emissions and odour control at wastewater treatment plants in West Germany". Water Sci. Technol. 20, pp 261,266.

Frechen F-B. (2001). "Prediction of odorous emissions", *in Odours in Wastewater Treatment*. Ed. by R. Stuetz and F-B. Frechen. IWA Publishing, London, pp 201-213.

Jiang K, Kaye R. (1996). "Comparison study on portable wind tunnel system and insolation chamber for determination of VOCs from areal sources". Water Sci. Tech. Vol 34 (3-4), pp 583-589.

Gostelow P., Parsons S. A. (2000). "Sewage treatment works odour measurement". Water Sci. Technol. 41 (6), 33-40.

Gostelow P., Parsons S.A. y Stuetz R.M. (2001). "Odour measurements for sewage treatment works". Wat. Res. Vol 35 (3), pp 579-597.

Gallizio Angelo (1964) . *Instalaciones Sanitarias*. Hoepli

Hobson, J. y Yang G. (2000). "The ability of selected chemicals for suppressing odour development in rising mains". Water Science and Technology Vol 41 No 6 pp 165–173.

Hvitved et. al. (2002). "Sewer microbial processes, emissions and impacts". Proceedings from the 3rd International Conference on Sewer Processes and Networks, Paris, France. p. 1-13.

NORMA P 343 (2005): *Nuevos criterios para futuros estándares de ventilación de interiores*. Instituto Nacional de Seguridad e Higiene en el Trabajo.

Keddie, A.W.C. (1980). *Dispersion of odour*. Warren Spring Laboratory for Departament of Environment.

LAI-Schriftenreihe. TA (2003). *Determination and assessment of odour in ambient air (Guideline on odour in ambient air / GOAA) - 13th May, 1998, issued 7th May, 1999 and Translation March 2003.* Länder (LAI). http://www.lanuv.nrw.de/luft/gerueche/pdf/GOAA10Sept08.pdf. [accedido 4 septiembre 2012].

Lopez T., Dreessen W., Schafer P. (2002). "Identification and Measurement of Peak Odors. Odors and VOC Emissions". WEF.

Matos, J. S., and Aires, C. M. (1995). "Mathematical modeling of sulphides and hydrogen sulfide gas build-up in the Costa Do Estorial sewerage system". Water Sci. Technol., 31(7), 255–261.

Mike Pring and Guy Fortier, (1997). *Preferred and alternative methods for estimating air emissions from wastewater collection and treatment*. USA EPA.

Ministry of the Environment Government of Japan (2012). *Control of Offensive Odor Regulation Standards* (on line). http://www.env.go.jp/en/air/odor/odor.html#2-1-1. [accedido 4 septiembre 2012].

Montalban F. (2008). "Legislación sobre olores en los Paises Bajos". http://www.olores.org/docs/NeR.pdf. [accedido 4 septiembre 2012].

NORMA EN 13725 (2003). *Air Quality – Determination of Odour Concentration by Dynamic Ofatometry*. CEN.

NORMA UNE-EN 12255-9:2003. *Plantas depuradoras de aguas residuales. Parte 9: Control y ventilación de olores*. AENOR.

NFPA 820 (2012). *Standard for Fire Protection in Wastewater Treatment and Collection Facilities*. National Fire Protection Association.

Pomeroy (1990). "The problem of hydrogen sulphide in sewers". Clay Pipe Development Association.

Pomeroy Dr. R. D. and Boon A. G. (1997). *The problem of hydrogen sulphide in sewers*. 2nd edition of Dr. Pomeroy's booklet. Clay Pipe Development Association.

Pomeroy, R. D., and Parkhurst, J. D. (1977). "The forecasting of sulphide buildup rates in sewers". Progress Water Technology., 9(3), 621–628.

Powell L, (2002). *Integrated Pollution Prevention and Control (IPPC) Horizontal Guidance for Odour Part 2 – Assessment and Control*. Environment Agency.

Prokop, W. (1991). "Measurement of odor emissions from municipal sewage sources in recent development and current practices in odor regulations, controls and technology", Ed. D. Derenzo and Gnyp, Air and Waste Management Association, p305 – 324.

Pring, M and Fortier G. (1997). *Preferred and Alternative Methods for Estimating Air Emissions from Wastewater Collection and Treatment*. USA EPA. http://www.epa.gov/ttn/chief/eiip/techreport/volume02/ii05.pdf. [accedido 4 septiembre 2012].

Piet et. al. (2001). "Catalytic oxidation of odours compounds from waste treatment processes", *in Odours in Wastewater Treatment*. Ed. by R. Stuetz and F-B. Frechen. IWA Publishing, London, pp 365-395.

Radian Corporation (1986). *US EPA Measurement of Gaseous Emission Rates from Land Surfaces Using an Emission Isolation Flux chamber - User's Guide*. USA EPA 600/8-86-008 (NTIS PB86-223161).

Robert P. G. et. al. (1985). *Design Manual: Odor and Corrosion in Sanitary Sewerage Systems and treatment Plants*. USA EPA. Disponible: http://nepis.epa.gov/Exe/ZyPURL.cgi?Dockey=300045C6.txt [accedido 4 septiembre 2012].

Rod Jacson (2000). "Corrosion mechanisms and prevention: chemical, material, and structural aproaches", in Odor and corrosion prediction and control. WEFTEC 2000 Workshop. Water Environment Federation.

RWDI AIR Inc (2005). *Odour management in British Columbia: review and recommendations, final report*. RWDI AIR Inc.

Stephenson, T., Callister, S., Harper, P.L.S. (2006). "Impact of variable emission rates on odour modelling at WwTW's", Presented at 4th CIWEM (Chartered Institute of Water and Environmental Management) Annual Conference, 12-14 September 2006, Newcastle.

Suetz M, Fenner R. (1999). "Assessment of odours from sewage treatment works by an electronic nose, h2s analysis and olfactometry". Wat. Res. Vol. 33, No. 2, pp. 453-461.

Universidad Politécnica de Valencia (2011). *Guía técnica para la gestión de las emisiones odoríferas generadas por las explotaciones ganaderas intensivas*. Centro de Tecnologías Limpias Generalitat Valenciana. Disponible: http://www.cma.gva.es/web/indice.aspx?nodo=86602&idioma=C [accedido 4 septiembre 2013].

VDI 3940 (2002). *Determination of Odorants in ambient air by field inspections*. Pub. Verein Deutscher Ingenieure.

Water Environment Federation (1994). *WEF Manual of Practice N° 22. Odor Control in Wastewater Treatment Plants*. Water Environment Federation.

Cain, William and Cometto-Muñiz, Enrique (2004). *Indentifying and Controlling Odor in the Municipal Wastewater Environment Health Effects of Biosolids Odors: A literature Review and Analysis*. Water Environment Research Fundation.

Witherspoon J., Koe L, Koh Y., Wu Y., Schmidt C, Card T.: 2002 "Theo-retical and Practical Considerations In the Use of Wind Tunnels for Odor Emission Measurement". Odors and VOC Emissions. WEF. 2002.

World Health Organization (2003). *Hydrogen Sulfide*. Human Health Aspects. Concise International Chemical Assessment Document 53. World Health Organization 2003

Zarca E. (2013). "Control de olores", en XXXI Curso sobre tratamiento de aguas residuales y explotación de estaciones depuradoras. CEDEX.

APÉNDICES

Etapas	Porcentaje de entrada mediante sistema de alcantarilla sin la ayuda de un medio mecánico			
	0-25%	26-50%	51-75%	76-100% (c/ sal de hierro)
Acceso (sótano, transportadores)	65	46,5	28	9.5
Eliminación del material atrapado delante de la rejilla	65	46,5	28	9,5
Contenedores para el material eliminado de la rejilla	65	46,5	28	9,5
Separador de grandes partículas: Superficie / Punto de descarga	7.5/135	7/48	6/17	5,5/6
Limpiador de grandes partículas	135	48	17	6
Distribución	135	48	17	6
Tanque de sedimentación / preliminar.	8.5/18,5	7,5/16,5	7/15	6/13,5
Tanque anaeróbico	5,5	5	4,6	4,15
Selector: Aireado / No aireado	6/5,5	5,5/5	5/4,6	4,5/4,15
Tanque de desnitrificación preliminar	2,15	1,9	1,7	1,55

Tabla 16. Factores de emisión del sistema de acceso y el pretratamiento (UOE/s m2)

Etapa	Contenido de lodos (kg DBO/kg d.s.d.)				
	<0,05	0,05-0,1	0,11-0,21	0,21-0,3	>0,30
Tanque de aireación:					
Zona aeróbica:					
Aireación por burbujas	0,2	0,35	0,65	1,05	1,65
Punto de aireación completamente cubierto	0,2	0,35	0,65	1,05	1,65
Aireación por cepillos completamente cubierto	0,2	0,35	0,65	1,05	1,65
Único punto de aireación sin cobertura.	0,3	0,35	1,0	1,6	2,5
Zona anóxica:					
Aireación por burbujas	0,18	0,315	0,6	0,95	1,5
Aireación con cepillo	0,18	0,315	0,6	0,95	1,5
Único punto de aireación	0,18	0,315	0,6	0,95	1,5
Estación de bombeo para el lodo	0,6	1,1	2,0	3,2	5
Tanque de sedimentación post-tratamiento					
Área de acceso	0,2	0,35	0,65	1,05	1,65
Superficie	0,16	0,28	0,5	0,85	1,3
Nitrificación post-tratamiento	0,16	0,16	0,16	0,16	0,16
Desnitrificación post-tratamiento	0,16	0,16	0,16	0,16	0,16

Tabla 17. Factores de emisión de la línea húmeda de una EDAR's (UOE/s m2).

Etapa	Calidad del lodo			
	Fresco	Aeróbico	Anaeróbico	Mixto
Deshidratación previa	8		3,95	8
Segunda etapa de deshidratación			3,05	
Tanque amortiguador para lodos fermentados			3,05	
Laguna de deshidratación de lodos		4,05	1,75	4,35
Prensa con filtro				
Prensa de trasportador perforada		4,05	1,75	4,35
Centrifugadora				
Eliminación y almacenamiento		4,05	1,75	4,35
Tanque de sedimentación para fosfatos		3,95		
Tanque separador		3,95		
Planta de deshidratación de lodos		3,95		
Tanque de floculación		3,95		

Tabla 18. Factores de emisión para la línea de procesado de lodos (UOE/s por m2).

1. Ejercicio de dosificación. La instalación consiste en una red de colectores de agua residual que vierten en la planta de tratamiento EDAR. La entrada a la misma consta de un tanque de homogenización donde llegan los tubos:

Colector	Característica	Diámetro (m)	Longitud (m)	H2S (mg/l)	DQO (mg/l)	TºC	Caudal (m³/h)
EB1	Forzado	0,9	3675	5,2	920	30	900
EG1	Gravedad	0,45	2441	1,2	700	30	1323
ER1	Retorno Planta	1	5641	9,6	822	30	1557
EB2	Forzado	0,7	3149	3	856	30	1058
EB3	Forzado	0,7	3149	3	856	30	761

El agua residual presenta sulfuros a la llegada de las estaciones de bombeo previo a los colectores mencionados, como consecuencia de la homogenización de los caudales de acometida a las mismas (forzados y por gravedad). Durante el trayecto forzado se genera otra cantidad, propia de los procesos anaerobios que tienen lugar en el agua residual y el biofilm.

Es interesante predecir las cantidades que se generarán a la salida de los colectores forzados, y el oxígeno demandado, a fin de dimensionar una actuación de dosificación que tenga carácter preventivo y que se situará en la estación de bombeo EBAR EB2/3. Igualmente será necesario realizar otra que lo haga correctivamente y que permita niveles de H2S en las diferentes etapas del proceso de planta que sean tolerables, lo que no es objeto de este caso práctico.

Para un cálculo completo interesa evaluar lo siguiente:

1. Las características físicas de la instalación
2. El conocimiento del régimen mediante la preparación de un programa de muestreo de los colectores principales en las estaciones: temperatura (estaciones del año), pH, sulfuros totales (H2S que es un 70% del total, HS-, S-2) y altura del flujo en los colectores no forzados. Se puede representar los ciclos semanales, diarios y estacionales de estas instalaciones como ayuda.
3. La estimación de los máximos, mínimos y valores medios de los tiempos de retención y caudales durante unos días a efectos de control. La temperatura sería otro parámetro de actuación que en este caso será estacional.
4. Predicción por las formulas existentes de estimaciones de sulfuros de aportación si no se ha obtenido del programa de muestreo, y de la demanda de oxígeno de los colectores, para lo que se determinará alternativamente:
   a. El cálculo del ratio de respiración del agua residual o la aplicación de uno genérico.
   b. Las cantidades demandadas por la capa de biofilm por formulas o su ratio general
   c. El cálculo de cantidades generadas de H2S o la media de las muestras.
5. El cálculo por balance de masas de la cantidad sulfuros resultante a la entrada de planta.
6. Las cantidades equivalentes de compuesto dosificador como sustituto de la fuente de oxígeno, bien a efectos de aportar una cantidad equivalente en oxígeno o corrigiendo los kg de sulfuros presentes en el líquido.

Cálculo de caudales

Los puntos 3 y 5 comentados son importantes desde el punto global de la gestión de olores de Planta. En algunos casos esta valoración es complicada ya que no se dispone de caudalimetros que lo registren. Sin embargo, la consideración de las curvas de las bombas (dato de fabricante), con su respectiva aminoración en función del número de ellas en funcionamiento, permiten hacer una estimación. Para obtener estos datos, los contadores eléctricos de estos bombeos por su potencia, permiten la telemedida de su registrador. Se puede pedir al proveedor eléctrico datos horarios en el periodo de estudio.

Respiración del agua residual

Respecto al punto 4.a para el cálculo del ratio de respiración, podemos hacerlo bien por un muestreo a diferentes horas del día o tomando los ratios generales según los varlores siguientes según el tiempo de residencia:

1h a 20 °C o ½ h a 30 °C	5 mg/l h
2h a 20 °C o 1h a 30 °C	10 mg/l h
más de 3h a 20 °C o 1 ½ a 30 °C	15 mg/l h

El cálculo comprende los siguientes pasos:

- De forma analítica se hace una medida del oxígeno disuelto a intervalos de una hora y para aguas residuales tomadas en diferentes horarios del día.
- Se representa en una gráfica el gradiente, es decir el ratio de respiración en función del tiempo de retención y todo para diferentes horarios.
- Representar gráficamente los ratios/demanda inicial oxígeno en función del tiempo de retención y del horario de las muestras. Tendremos de esta forma una nube de puntos que dan una curva característica para cada hora.
- Esta última curva en función de la respiración inicial y del tiempo de retención permite determinar la respiración del agua residual.
- Por lo general nos interesará conocer a efectos de dimensión los valores más críticos, pero estas curvas pueden ser utilizadas para realizar un control más fino.

Cálculos de sulfuros

Respecto al punto 4b relativa al sulfuro generado por el biofilm su estimación puede hacerse por la fórmula:

$$\Phi SE = Mb \, (DQO) \, (1,07)(T-20) \, g/m^2\text{-}hr \, (1)$$

Para los cálculos de sulfhídrico en tubos no forzados parcialmente llenos se utilizan ecuaciones más complejas, por lo que se recomienda acudir a modelos implementados por software o bibliografía de referencia. La ecuación de Parkhurst y Pomeroy:

$$[S]2 = [S] \, lim - ([S] \, lim - [S]1)/log\text{-}1 \, (m \, (su)^{3/8} \, t/2,31 \, dm)$$

Donde:

[S] lim $= 0,2 \times 10$ -3[DQO](1.07) [(T-20)] / (su) [3/8] x P/b   sulfhídrico   teóricos   en   el equilibrio

DQO = 700 mg/l

dm = 0,393 x 0,45 = 0,177 (D/8 en tubos semillenos) (profundidad hidráulica media)

P/b = 1.57 (1 /2 en tubos semilleros) P (perímetro mojado) /b (ancho tubo)

r = 0,25 x 0,45 = 0,1125 m (D/4 en tubos semillenos) (radio hidráulico)

m es la constante 0,96

u = 0,46 m/s es la velocidad del flujo

s pendiente tubo = 0,0015

T = 30 ºC

t tiempo en el que mantiene el mismo régimen pendiente, diámetro y caudal (normalmente ½)

En cualquier caso lo mejor si no se trata de una instalación nueva, es elaborar un programa de muestro que comprenda además de las entradas en las estaciones de bombeo y llegada a planta otros puntos conflictivos de la red. Las ecuaciones siempre dan una medida inexacta con un nivel de incertidumbre indeterminado.

Para el ejemplo, suponemos que se han obtenido datos medios en la segunda quincena de septiembre en horario en torno a 18:00PM, considerando las condiciones punta a efectos de tener sobredimensionada la instalación. También se toman muestras en los tanques de las estaciones de procedencia en horario de tarde realizando la media de todas ellas. Esto no ha excluido que se hagan la estimación de los sulfuros generados para los colectores en cuestión mediante la fórmula anterior (1).

Colector	H2S$_E$ mg/l (muestras)	ΦSE g/h	H2S mg/l (colector)	H2S mg/l EDAR	Caudal (m³/h)	H2S kg/h
EB2	3	4448	3,7	6,7	1058	7,3
EB3	3	4448	3,7	6,7	761	8,3

Se obtiene la cantidad generada de H2S para unos caudales dados. De los ratios generales de respiración del agua residual, suponiendo 12 mg/l/h del agua y de la capa de biofilm 700 mg/m2/h, se puede calcular el oxígeno que es necesario para contrarrestar la generación de sulfhídrico.

Colector	H2S mg/l	M² bioflim (Π D L)	V Π (D2 / 4) L	O2 agua g/h	O2 biofilm g/h	O2 total kg/h
EB2	3	6925	1212	5288	23451	28,7
EB3	3	6925	1212	3803	23451	27,3

O$_B$ =28,7+27,3 = 56 Kg/h (EB2+EB3)

Esta demanda de oxígeno puede comprobarse en una instalación puesta en marcha para ajustar su control, tomando muestras para diferentes consignas de dosificación. Se detalla el caso de demanda O$_B$ para diferentes situaciones e hipótesis de rendimientos y costes.

Cotrol	Ef. dosificación	Coste (€)- Inversión (€)
Oxígeno puro	Kg O2/Kg S = 3,6	0,11 euros/m3 20.000-50000
Nitratos	1 mg/l nitrato (NO3) produce 2,86 mg/l de O2 (contenido 150 NO3 g/l) Otros rendimientos: 2,4(aeróbico); 4,81(anóxico); 10 (para oxidar) kg Ca(NO3)2/Kg H2S	coste 0,312 euros/litro NO3 30.000-50.000
Peróxido	1-5kg H2O2 /1kg H2S	1,6 euros/kg 25.000-50.000
Sulfato férrico (ferriclar)	8,6 Ferriclar (kg)/S^{-2} eliminado (kg)	0,09 euros kg 10.000-20.000
Hidróx. sódico	Típica inserción 13,461 m3 a 50% NaOH	2,23 euros/litro Coste tanque 1,1 euros/kg
Cloro	10-15 Kg Cl/Kg H2S	18.000-40.000

Dosificación de oxígeno
Caudal de O2 necesario m3/h = O2 (kg/h)/1,34 (kg/m3)= 56/1,34 = 42 m3/h
Coste verano (cuatro meses) = 0,11*O2 (m3/h)*24*30*4 = 0,11*42*24*30*4=13.238 €
Kg de S-2 eliminados Kg/h =56/3,6 = 15,5

Nitrato
Cons (NO3) litros/h = O2 (kg/h)/2,86*1000/150 = 56/2,86*1000/150 = 131
Coste en verano (cuatro meses) = 131*0,312*24*4*30 = 117.711 €

Peróxido
Consumo H2O2 kilos/h =(7,3-8,3)*1,6 = 25
Coste en verano (cuatro meses) = 25*1,6*24*4*30 = 230.031 €

Comentarios:
El cálculo de la necesidad es sencillo si se tiene presente que 1 mg/l de nitrato supone 2,86 mg/l de oxígeno disuelto. Los nitratos cuando tienen mejor rendimiento es para cantidades elevadas de sulfuros, de forma que una dosificación hasta 20 mg/l puede tener efectos de reducción del orden de 2 mg/l. El coste de instalación (30.000 euros) es escaso por lo que lo convierte en un sistema provisional efectivo, mientras que el variable 0,312 euros/l es caro.

Un problema de los nitratos es que aparentemente al agotarse crece instantáneamente el sulfhídrico, lo que se puede retener si se adiciona sal de hierro (sulfato férrico) ahorrando un 15 % de reactivo. En algún caso se adiciona nitrato férrico (Anaerite de Kemira) para este propósito. De un estudio de Hobson (2000) se puede deducir para un tiempo medio de retención de 3 horas una dosificación óptima a 0,061 l/m3 de Nutriox.

Conviene tener presente para todos los casos que las adiciones se han calculado para la generación del colector forzado. Sin embargo, a la EBAR del correspondiente colector llega y vierte en su tanque de entrada otras aportaciones que suponen un determinado nivel a la entrada de planta. Se eliminará con una aportación adicional calculada como ratio de eficacia por una aportación anterior o actuando correctivamente por precipitación o adición en la planta. Este es el caso de la utilización típica del peróxido, con tiempos de reacción relativamente cortos.

Para dosificaciones ocasionales o pequeñas en las EBAR es más interesante la del hipoclorito. El hipoclorito necesita una buena mezcla lo que puede hacerse a la llegada de una estación de bombeo. El ratio de dosificación en laboratorio es de 10-15 Kg NaOCl/KgH2S. Si se piensa en aportaciones pequeñas (menor de 2.3 Kg/d) la instalación a realizar puede estar entorno a los 18.000 euros y su costo variable de 0,33 euros/kg. Los tiempos de reacción son desconocidos, pero al menos el contacto se debiera de mantener por una hora. El producto presenta en su manejo peligrosidad, así como la posible formación de compuestos clorados. Una sobredosis puede destruir el proceso secundario en una EDAR.

El peróxido es un interesante compuesto. Además de su reacción con el H2S para formar S, presenta otras ventajas como que la instalación es simple y barata, las reacciones no producen productos peligrosos y la descomposición de un exceso de dosificante produce O2. A pH menor que 8.5 se requiere 1mg/mgH2S. La reacción de prácticamente el 90% se lleva a cabo a los 10-15 minutos y completamente a los 20-30 minutos más. Es comercializable en solución de 35% o 50 %. Existen depósitos de 230 Kg para pequeñas aportaciones, entorno a los 25.000 euros con un coste variable de 1,6 euros/kg. Dada su gran capacidad de oxidación el depósito suele ser de aluminio, aunque para cantidades pequeñas de 230 kg son de polietileno. Conviene hacer una pasivación para evitar su degradación en nuevas instalaciones.

Una medida muy eficiente de prevención es la inyección de oxígeno, que debe realizarse en la zona más baja del tubo descendiente, con pendiente positiva para evitar el retorno de aire, en el lugar de máxima turbulencia y máxima presión que garantiza una buena transferencia. Es necesario por otra parte una velocidad del flujo al menos de 0,6m/s para una buena disolución; velocidades inferiores harían que las burbujas tendieran a unirse empeorando la disolución y generando muchos problemas, lo que es una gran limitación para la dosificación en periodos en los que el tiempo de residencia es mayor, como por la noche por ser menor el cauda. Conviene vigilar los peligros de explosión por sobre oxigenación (agujeros, zanjas, fosos, alcantarillas, puntos de llenado/trasvase de las cisternas y de los depósitos de oxígeno líquido, venteos, fugas) lo que tiene lugar con una concentración en el aire mayor del 24%; esto ocurrirá en el caso de que el oxígeno disuelto sea superior a 10 mg/l. Para obtener la máxima eficiencia hay que estudiar la perdida general de rendimiento de las bombas y su repercusión económica en cada caso.

Respecto al control que se debe efectuar de estas dosificaciones, del gráfico se puede observar que la cantidad a aportar en cada momento depende del caudal, los tiempos de retención, el horario y los kg de H2S. A la izquierda de la figura siguiente se puede observar que aunque el tiempo de retención es mayor, dado que el caudal por la noche disminuye, la cantidad a aportar en ese momento también se reduce. Por la tarde el régimen es nominal, por lo que los valores obtenidos de dosificación pueden considerarse válidos salvo estudios más detallados. De la figura de la derecha se deduce el factor diferencial que supone la estacionalidad, aumentando considerablemente en verano las dosificaciones. No obstante y desde el punto de vista de contaminación en planta, es necesaria una adecuada coordinación de acciones, evitando en la medida de lo posible los picos de producción existentes. Como es lógico hay que prestar atención a dosificaciones que son ineficientes, como por ejemplo en los periodos de lluvia

Dosificación (l/h) en verano e invierno

Curva de caudal y de cálculo
de tiempo de retención

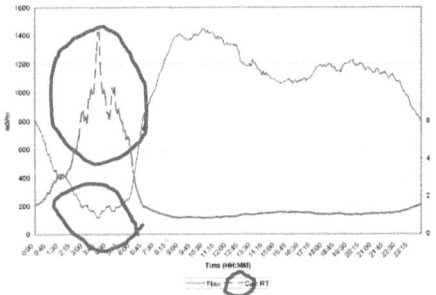

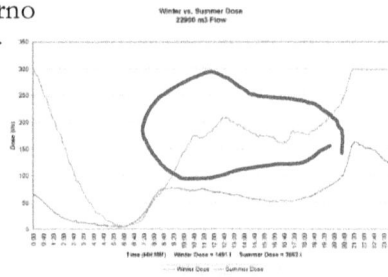

Curva de carga de H2S (kg/h) y
dosificación

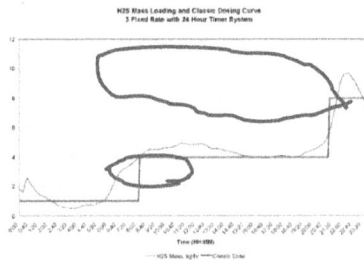

Diferentes curvas dosificación de Nitrato.

Con independencia de la posibilidad de regular en continuo se realizan controles avanzados basados en sistemas expertos, utilizando tablas generadas de históricos o programas de muestreos previos. Se puede conseguir una amplia variabilidad de casos lo que ha llevado al establecimiento de hasta 24 diferentes set-point para cada día, con el objeto de optimizar consumo, H2S en líquido y H2S en estado gas. En general este control avanzado debiera estar establecido por una lógica programada función del caudal, temperatura y datos históricos a través de SCADA o PLC.

2. Ejercicio de ventilación. El edificio consta de dos plantas: la inferior, "Sala de Bombeo" en planta sótano, se comunica con la superior "Sala de deshidratación" por una escalera y con el exterior a través de una cinta transportadora de fangos, que sen encuentra en una cara del edificio.

Necesidades:
Sala de Bombeo
Dadas las dificultades de extracción con las que nos encontramos para poder sacar los gases al exterior por la falta de aberturas, ventilaremos por sobrepresión con el objeto de impulsar los gases hacia la planta superior.

Hemos estimado unas necesidades de 15 renovaciones/hora para que la mezcla de gases y aire esté muy diluida, por lo tanto las necesidades de ventilación serán:

Q = (6,8 x 5,5 x 2,7) x 15 = 100 x 15 = 1.500 m³/h.

Sala de deshidratación
Aunque esta sala está más ventilada y las concentraciones de gases son menores, dado que tenemos que renovar el aire contaminado proveniente de la sala de bombeo, proponemos realizar 20 renovaciones/hora por lo que las necesidades serán:

Q = (6,8 x 5,5 x 4,5) x 20 = 141 x 20 = 3.400 m³/h.

Sala de Bombeo
Tal como hemos indicado anteriormente, vamos a sobrepresionar esta sala para que los gases asciendan a la planta superior. Para evita que el H2S se acumule en el suelo se propone un barrido desde abajo, por lo que se introduce el aire del exterior a este nivel con el objeto de impulsarlo en la dirección de abajo-arriba. Se monta una caja de ventilación en el exterior frente a la zona por la cual entra la cinta transportadora de fangos y a través de la abertura que queda libre introduciremos un conducto que se bifurcará en forma de "T" para discurrir por los dos lados enfrentados del local. De cada uno de ellos saldrían 2 derivaciones hasta el nivel del suelo con el fin de incidir directamente sobre la concentración de sulfhídrico mezcla hacia la escalera que conduce de Deshidratación.

Sala de Deshidratación
En este caso ventilaremos impulsando aire limpio y lo mas fresco posible del exterior, para ello instalaremos 2 ventiladores murales en el exterior de la pared del edificio a una altura del suelo de 1 m con el objeto de efectuar un barrido de la sala y que el aire viciado salga hacia el sistema de desodorización. Dado que los ventiladores están instalados a baja altura, será necesario montar defensas en el lado de descarga (interior) para proteger a cualquier persona que estuviese en la sala de un contacto fortuito con los ventiladores.

$$\text{Acumulado = Generado + Entrada – Eliminado}$$
$$V \cdot dC = G \cdot dt - Q' \cdot C \cdot dt$$

Suponiendo que no entra aire por infiltración veamos las concentraciones que se generan dadas las renovaciones y ventilaciones supuestas:

$$\ell n\left[G - Q' \cdot C_2 / G - Q' \cdot C_1\right] = -Q' \cdot (t_2 - t_1)/V$$
$$C = C_1 e^{-(Q'/V)\Delta t}$$

Si G=0 (espacio ya contaminado) y K (factor de dilución)= 5, Q'=3400/5=680 m3/h, C_0 = 100ppm, t_2-t_1=60 m y V=100+141=241m3

¿Cuál es la concentración al cabo de 60 minutos?:
C=100 E (-680*1/241)=5,9 ppm

¿Cuál es el tiempo para que se reduzca de 100 ppm a 25 ppm?:
t2-t1=-V/Q' x Ln(C2/C1)= -241/6801 Ln(25/100)=0,49h (29 minutos).

1. OBJETIVOS

Establecer un efectivo y consistente procedimiento para el procesado de la información producida por los impactos de los olores en la comunidad afectada provenientes de las instalaciones de depuración, donde:

1. Frecuencia: se trata de evaluar cómo un individuo esta habitualmente expuesto al olor. En general es mayor en áreas viento abajo de la fuente, especialmente bajo condiciones estables y baja velocidad.
2. Intensidad: se refiere a la percepción individual a la fuerza del olor. La intensidad con la es medida por la nariz humana esta relacionada con el logaritmo de la concentración del olor. Esta ecuación se refiere a la propiedad psicométrica del olor conocida como la ley de Steven, para diferentes sentidos sensoriales humanos. Significa que si se incrementa la concentración relativa del olor, ésta es percibida en intensidad menor, no siendo por tanto el cambio en consecutivas diluciones igual.
3. Duración: relacionado con la fuente y meteorología.
4. Ofensividad: el sulfídrico es un olor claramente ofensivo, e incluso conlleva efectos físicos o psíquicos a altas concentraciones.
5. Localización: en los términos de tipo de área afectada, la actividad en ella y la sensibilidad del receptor.

2. REGISTROS DE QUEJAS

La sistemática a utilizar en el caso de una queja será la siguiente:

1. Recibir la reclamación.- Registrar los datos, tiempo y localización así como una descripción del evento, con su fuerza, duración y caracterización según el modelo **ITMA-01/02**.
2. Visitar la localización.- Cuando no sea posible por haber pasado el efecto o por otras dificultades, especificar en el registro la causa.
3. Si hay sospechas de que proviene de una fuente determinada incluirla en el programa de monitorización.

3. ENCUESTAS

Los pasos son los siguientes

1. Identificar las subáreas de la comunidad a estudiar. Se pueden seleccionar utilizando datos de reclamaciones y parámetros de vientos predominantes.
2. Seleccionar el tamaño de la muestra. Un mínimo de 50-70 para cualquier grupo da un margen de error de 5-10%.
3. Conducir la encuesta por teléfono. Seleccionar por azar los números de teléfono.
4. Conducir la encuesta durante un periodo de dos horas en la tarde.
5. Para cada comunidad, calcular el porcentaje de gente que detecta el olor y cuantas son al menos molestadas por el mismo. Este parámetro esta fuertemente ligado a los factores FIDOL (frecuencia, intensidad, duración, ofensividad y localización).
6. Comparar los resultados con otros. El valor del índice molestia de la población y el valor del anterior acumulado, que es un indicador del pasado y las experiencias presentes para un área.
7. Calcular los márgenes de error usando métodos estadísticos y en concreto técnicas de regresión.

Se ha establecido un formato para la **realización de encuestas según ITMA 01/01**.

4. DIARIO DE OLORES

Las instrucciones son las siguientes:

1. Seleccionar a los participantes democráticamente cubriendo las potenciales áreas de impacto, lo que se hará previo a diversos contactos con las partes interesadas.
2. Previo a las actuaciones se realizará una jornada de información en el que se informará y motivara sobre el problema.
3. Se utilizará el modelo descrito en el anexo **ITMA-01/03** de forma que los participantes recogen diariamente los datos en estos registros.
4. Previamente se indicará la forma de cubrir el impreso. Instrucciones:

➢ Eventos que ocurren en el mismo día: deben ser tratados de forma separada cuando el tiempo entre la ocurrencia de los olores es mayor que su duración o cuando ha habido un cambio significativo de viento entre diferentes observaciones del olor. Por ejemplo si el olor ha sido detectado primero por la mañana y persiste el resto del día este debe ser recogido como un evento simple; se trata de evitar que haya demasiadas entradas.
➢ Localización: los eventos deben restringirse a zonas donde los participantes del panel están rutinariamente presentes.

➢ El día, hora y evento son los datos más importantes a cubrir a fin de poder relacionar con la fuente. Se debe registrar el momento en que es iniciado y finalizado. Si por ejemplo comienza en la mañana y persiste en la tarde debe ser recogido como un evento.

➢ Duración del evento: establecida en horas para poder dar un porcentaje de tiempo del impacto. Puede registrarse en horas o rango.

➢ Especificación de la eventualidad o continuidad del mismo.

➢ Carácter o descripción del mismo.

➢ Fuente de donde se considera proviene el olor.

➢ Condiciones del viento; calmada, brisa, media brisa, moderado viento y fuerte viento.

➢ Fuerza del olor, relacionado con la intensidad.

5. Es necesario hacer mensualmente un resumen de los registros informando a los panelistas.

Intensidad del olor	Nivel de intensidad
Extremadamente fuerte	6
Muy fuerte (cuando huele la ropa)	5
Fuerte (detectable cuando se anda)	4
Distinto (necesario de inhalar)	3
Débil	2
Muy débil	1
No perceptible	0

Tabla 1: Escala de intensidad de olor (VDI 3882)

Una forma sistemática de recoger la información es anotar los datos de la intensidad del olor en función del tiempo. La norma VDI 3940 tiene un procedimiento para evaluar la frecuencia y la VDI 3882 para la intensidad en las observaciones de campo. Este método alternativo al diario de olor conlleva la observación por una población seleccionada de individuos de la comunidad de su molestia por un olor que ocurre en un tiempo, día y lugar preestablecido, frente a la aproximación realizada por diario que es independiente de cuando ocurra.

También son diferentes los datos recogidos de esta forma y los de una encuesta, ya que ésta responde a un efecto acumulativo del impacto reiterativo del olor en un periodo para una comunidad seccionada al azar.

Categoría de la Molestia	Valor del factor de peso
(0) no olor	0
(1) no molestia	0
(2) ligera molestia	25
(3) molestia	50
(4) muy molesto	75
(5) extremadamente molesto	100

Tabla 2: Categoría de la molestia (VDI 3882)

Se define un índice que monitoriza la molestia:

$$Ik = 1/Nk * SUM\ i\ (Wi*Nik)$$

Ik= índice de molestia de la observación K en la semana
Nk= número total de observaciones en la semana K
I= categoría de molestia (1-5)
Wi= número del peso del factor para la categoría I
Nik= número total de observaciones en la categoría de molestia i en la semana k

5. REUNIONES DE LA COMUNIDAD

Se plantean dos posibilidades:
a) Creación de reuniones públicas.
b) Creación de un grupo de enlace de la comunidad que se reúne regularmente.

Se debe de realizar una invitación para su participación envolviendo a la comunidad afectada.

6. ANEXOS

A.01. ITMA-01/01 Encuesta de opinión pública

A.02. ITMA-01/02 Registro de reclamaciones para olores

A.03. ITMA-01/03 Diario de olores

ANEXO 01 ITMA 01
ENCUESTA DE OPINIÓN PÚBLICA

Esta encuesta es confidencial. Los datos que se pretenden obtener son anónimos y se utilizarán solo para recoger índices generales de opinión.
Puede ser devuelta a la siguiente dirección:
EMPRESA. Atención al Cliente
Se pretende medir el grado de calidad del aire presente en el entorno del polígono industrial.
Si desea participar como miembro del panel de población voluntario en las investigaciones que la empresa EMPRESA realiza en este campo, le ruego anote sus datos personales (nombre, dirección, teléfono y correo electrónico).

1. ¿Desde el punto de vista medioambiental cuál es el factor que más afecta a su comunidad en este momento?.
   ☐ polución ambiental
   ☐ ruido
   ☐ polución del agua
   ☐ calidad del agua
   ☐ emisiones de vehículos
   ☐ otros, especificar:
   ☐ no los conozco
   ☐ ninguno

2. ¿De los aspectos mencionados cuál es más importante desde su punto de vista en este momento?.
   ☐ polución ambiental
   ☐ ruido
   ☐ polución del agua
   ☐ calidad del agua
   ☐ emisiones de vehículos
   ☐ otros, especificar:
   ☐ no los conozco
   ☐ ninguno

3. Durante el verano, ¿Se ve afectado por alergias derivadas del polen u otras?
   ☐ si
   ☐ no
   ☐ no contesta

4. ¿Con qué periodicidad detecta olores en su domicilio o lugar de trabajo?
   ☐ todo el tiempo
   ☐ habitualmente
   ☐ algunas veces
   ☐ rara vez
   ☐ nunca

5. ¿Cómo considera la evolución de la molestia por este olor en los últimos años?
   ☐ ha disminuido
   ☐ esta igual
   ☐ ha aumentado

6. ¿Cuál es el grado de molestia que le ocasiona este olor?
   - ☐ no molesta
   - ☐ pequeña molestia
   - ☐ alguna molestia
   - ☐ molesta
   - ☐ bastante molesto
   - ☐ muy molesto
   - ☐ extremadamente molesto

7. ¿Cuál cree usted que es el causante de este olor?
   - ☐ fábrica de alimentación
   - ☐ fábrica de cerveza
   - ☐ otras fábricas
   - ☐ sistema de alcantarillado
   - ☐ depuradora de aguas de saneamiento
   - ☐ tráfico
   - ☐ otros, especificar:

8. ¿Cómo describiría este olor?
   - ☐ no lo conozco
   - ☐ pescado
   - ☐ químico
   - ☐ comida
   - ☐ gasolina
   - ☐ otros, descríbalo:

9. ¿Cuál es su ocupación?
   - ☐ funcionario
   - ☐ profesional
   - ☐ técnico
   - ☐ vendedor
   - ☐ agricultor
   - ☐ no trabaja
   - ☐ retirado
   - ☐ estudiante

10. ¿Qué edad tiene?
    - 18-20
    - 20-25
    - 25-30
    - 30-35
    - 35-40
    - 40-45
    - 45-50
    - 50-55
    - 55-60
    - 60-65
    - 65-70
    - 70-75
    - 75-80
    - 80-85
    - 85-90

11. ¿Calle donde vive?
12. ¿Hombre o mujer?
    - ☐ hombre
    - ☐ mujer

ANEXO 02 ITMA 01
REGISTRO DE RECLAMACIONES PARA OLORES

Fecha:	Instalación sobre la que se realiza la reclamación	Número de referencia:
Nombre y datos de la persona que realiza la queja:		
Teléfono y correo electrónico:		
Hora y fecha en la que se ha producido el problema:		
Día, hora y duración del olor:		
Localización del olor:		
Condiciones ambientales (seco, lluvia, niebla, viento, nublado):		
Fuerza del viento (flojo, medio, moderado y alto):		
Dirección del viento:		
Descripción del olor (por ejemplo; más o menos fuerte que el olor a huevos podridos, continuo, con fluctuaciones):		
¿Quiere añadir algún otro comentario sobre el olor?		
¿Hay otras quejas sobre el mismo olor relacionadas con la instalación o localización? (anteriores o de la misma exposición)		
Alguna otra información relevante:		
Actividades realizadas mientras surgió el problema:		
Condiciones de operación en el momento de ocurrir:		
Escrito por:		Firmado:

Anexo 3

DIARIO DE OLORES

Día	Hora	Duración Evento	Continuidad del olor para este evento (marcar)				Carácter del olor	Fuente probable	Fuerza del olor	Dirección del viento	Fuerza del viento
			continuo	La mayor parte del tiempo	Menor que el 50 % del tiempo	Intermi-tente					

1. OBJETIVOS

El objetivo de esta instrucción técnica es definir y protocolizar las técnicas para la medición de emisiones de compuestos odoríferos y COVs en superficies líquidas y sólidas. Para llevarla a cabo se deberá estar familiarizado con la teoría relativa a estas emisiones.

2. PROCEDIMIENTO

Las operaciones descritas son en general comunes para la medición en tiempo real como para la realización de muestras. Los equipos cámara de aislamiento y túnel de viento presentan un procedimiento similar.

Previamente a la medición las superficies, los equipos deben estar limpios y secos. Después ensamblar las diferentes partes entre si y comprobar su estado, verificando si el funcionamiento es correcto.

La cámara debe depositarse sobre la superficie a medir, profundizando una distancia de 2-3 cm en su perímetro, mientras el túnel lo hará a 5mm. Hay que tener cuidado con la penetración, ya que si es excesiva puede provocar una falta de contacto con el líquido a estudiar y producir un bajo nivel de emisión (una forma de evitarlo es suspender la cámara por cables sobre la superficie líquida).

La salida de datos de instrumentación es recogida en autómatas que registran señales analógicas procedentes de los sensores temperatura, humedad, presión y flujos de aire. Estos valores son muestreados cada 5 minutos y pueden ser procesados por un ordenador junto a la medida de los compuestos.

a) Cámara de insolación

Iniciar el insuflado de aire seco (de botellas) con un caudal de 5 l/m, en la **hoja de datos de campo ITMA-02/01** para cada intervalo de tiempo de residencia, siendo TR = el volumen de la cámara (30 l) / flujo (5 l/m), tomar nota de:

➤ A TR=0 recoger los valores de hora, ratio de flujo, temperatura aire interior y concentraciones de gases de salida. Sucesivamente (cada 6 minutos) se registran los datos, corrigiendo el caudal si ha variado.

➤ Después de 4 veces tiempo (24 minutos y 1 hora si el compuesto orgánico sulfurado) se puede iniciar la medición real tomando la hora, temperatura de aire interior y exterior, concentración del gas y número de muestras.

b) Túnel de viento

El aire de barrido en el caso del túnel es de 1800 l/m, filtrado previamente por carbón activo.

La muestra se encuentra en condiciones estacionarias al cabo de cinco minutos desde el inicio de la impulsión por el ventilador. El caudal del flujo impulsado debe ser de 20 l/m. La velocidad ideal de funcionamiento es de 0,3 m/s en el interior de la cámara, para lo que la de salida en la de mezcla debe ser de 4,26 m/s, realizando los ajustes convenientes. Esta medida de velocidad debe ser comprobada cada 5 minutos, obteniendo los valores de las concentraciones medias en este intervalo.

c) Toma de muestras

Si se trata de recoger una muestra para análisis de laboratorio se debe hacer con un sistema de bombeo de extracción que no exceda de 2 l/m. En este caso se dispondrá de la bomba y la cámara o tambor presurizado que se llenará hasta una cantidad de 2 l para su posterior análisis, o de 40 l si se realiza una olfatometría.

La baja presión del tambor hace que sea llenada la bolsa, no debiendo realizarse directamente de la bomba la muestra por riesgo de absorción de la contaminación.

d) Estrategia de la muestra

La siguiente estrategia permite una exactitud y precisión en la estimación del ratio de emisión para una muestra cogida al azar. Da una estimación de una media de emisión con un 20% de certeza sobre un 95% de confianza.

Basado en datos preliminares hay que subdividir el total del área en zonas si la distribución química no puede ser anticipada. Se puede realizar una medición de campo sobre el nivel de suelo que permita su subdivisión. Se debe elegir intentando maximizar la variabilidad entre zonas y minimizar su interior.

Celdas:
➤ Si el área Z <= 500 m2 dividir en zonas igual al 5% (20 unidades)

➢ Si el área 500 m2<Z<4000 m2 dividir en zonas de 25 m2
➢ Si el área 4000 m2<Z<32000 m2 dividir en 160 unidades
➢ Si el área Z > 32000 m2 dividir en unidades de 200m2

Número de muestra

Se usa la ecuación siguiente para obtener el número de unidades de muestras para una zona K.

$$n_K = 6 + 0,15 \times \text{Raíz (área zona K (m2))}$$

Localización

Utilizando la tabla de números aleatorios se identifica en función del área el número de unidades NK que será seleccionado solo una vez.

3. CÁLCULOS

a) Cámara de insolación

Normalmente las medidas suelen darse en ppm por lo que la conversión a unidades de µg/l debe seguir la fórmula de gases ideales:

$$Y_K = (P/RXT(°K)) \times (PM \text{ (g/mol)}/a \text{ (n°moles C/mol)} \times C_K \text{ (ppm)}$$

o bien:
Y_K (mg/m3)$= Y_K$ ppm $\times$ PM /24,45
(para 25° 1 atm 24,45 l y para 0° y 1 atm 24,4 l)

La emisión se calcula multiplicando este valor por el caudal y dividiendo por el área encerrada por la campana.

$$E_{Ki} = (Q \times Y_{Ki})/A$$

Hay que efectuar las correcciones por la temperatura.

En orden a comparar datos de gases o vapores de mediciones directas de instrumentos con estándares de calidad del aire, las medidas deben ser convertidas a condiciones normales.

La temperatura del aire en el interior de la cámara puede tener dos interpretaciones. Si la necesidad es la estimación de la emisión la temperatura nominal de la cámara debería ser la media en esa área, mientras que si se trata de comparar áreas conviene considerar 25° (273°K). En cualquier caso se deduce un factor de corrección para multiplicar la emisión.

$$C = EF_s / EF_a$$

EF_s=factor de emisión a la temperatura nominal de la cámara
EF_a=factor de emisión a la temperatura de la cámara

Los dos valores son calculados siguiendo la siguiente ecuación:

$$EF_{(s \, o \, a)} = Exp \, (0,0013 (Temp°C_{s \, o \, a}))$$

De donde E_{cKi} es la emisión corregida al valor nominal desde el valor medido, mediante la ecuación:

$$E_{cKi} (emisión \, corregida) = C \times EF_{Ki}$$

Este procedimiento tiene un nivel de significación del 0,4%

Después de recoger las muestras hay que efectuar los cálculos que se realizarán para cada punto de celda en cada zona,

$$E_{cK} = 1/ \, n_K \times suma_i (E_{cKi})$$

Donde n es el número de muestras y E_{cKi} la emisión ya corregida.

Otra corrección que se puede efectuar es la debida a la velocidad del viento en el lugar. Witherspoon (2002) comenta las establecidas para este caso por la EPA que dicen:

$$E_f = (U_{10} \, / \, 3)^{0,78} \qquad E_A = (A_{FC}/A_{Im \, impuesta})^{0,055}$$

Donde: U_{10} es la velocidad del viento en m/s 10 m por encima, A_{FC} es el área de la cámara y $A_{Im \, impuesta}$ es el área impuesta.

Para la calibración de la cámara es la siguiente, para grandes depósitos y baja velocidad el factor es de 0,5 y para pequeños depósitos y gran velocidad es mayor de 2.

b) Túnel de viento

En general la evaluación del olor o emisión de un compuesto producido es:

$$REOS = Q*CO/A, \, donde:$$

REOS=ratio de emisión (uo/s)o mg/m2/s
Q=caudal a través del túnel (m3/s) o bien caudal de la aireación del área muestreada.
CO=concentración de olor (uo/m3)o mg/m3
A=área cubierta por el túnel (m2)

El cálculo del rátio de emisión puede ser función de la velocidad del viento y de la clase de estabilidad atmosférica. Hay que corregir en consecuencia los datos para tener un resultado en condiciones estándares. Se considera como condiciones nominales la velocidad en la cámara de 0,3 m/s según la teoría en que se basa el funcionamiento del túnel.

Dos etapas de cálculo: medir la velocidad media usando un anemómetro o medidor de caudal a la temperatura y presión de la cámara, y ajustar el cálculo obtenido por la ecuación siguiente:

$$REOS_2 = REOS_1 * (V_2/V_1) Exp \ 0,5; \ donde:$$

V_1 es la velocidad del túnel de viento.
V_2 es la velocidad del viento superficial en la actualidad.

En condiciones aireadas la ecuación de emisión para el túnel no debe ser corregida ya que el efecto del viento es despreciable.

En el caso de que la superficie sea un sólido o semisólido no tiene lugar la mezcla en la superficie de renovación y en consecuencia, el ratio de emisión es determinado por la difusión en el medio, por lo que la emisión es independiente de la velocidad del viento.

Al igual que en la cámara, las medidas realizadas de fuentes donde la temperatura y presión son diferentes (naves por ejemplo) de las condiciones ambientales (20 °C y 1 atm), el flujo debe ser ajustado a condiciones normales:

$$Q \ (NTP) = Qm \ (273+20) \ *p \ / \ (273+t) \ * \ 101.3$$

Un ejemplo de cálculo según esta formulación para un flujo saturado en vapor en un conducto de gas se encuentra en el Anexo I de la EN 13725: 2003.

c) Estimaciones

Se puede obtener una estimación del ratio de emisión EK, varianza VK, y coef. de varianza CVK para una zona K. Utilizar el **Anexo ITMA-02/02 Hoja de datos de Zona.**

Se puede obtener una mayor precisión usando tablas del número total de muestras NK necesario para estimar con un 20% en una zona K considerando un nivel de confianza del 95%. Si NK es mayor habría que realizar un número adicional de muestras para obtener este nivel de confianza.

Es necesario considerar uno de los puntos elegidos para muestrear el control en el tiempo, de forma que valorándolo sucesivamente en el tiempo, con estos parámetros estadísticos puede estimarse si es despreciable o no.

4. CALIBRACIÓN

En las cámaras hay que realizar una serie de comprobaciones previas a su uso.

1. Chequearla sobre una superficie como el teflón y probar con aire de alta pureza. Esta operación evitará que el equipo este contaminado previamente. También para chequear la falta de contaminación del elemento puede realizarse el mismo test en una zona muy contaminada a la conclusión de los experimentos de forma que midamos qué valor residual tiene.

2. Chequear la eficiencia de la recuperación sobre una superficie de teflón, e introduciendo por un puerto de entrada situado bajo la superficie en su centro, gas de calibración especifico (por ej. CO). Medir con concentración de 1 ppm (alto nivel) introducido a 0.5 l/m. Añadir una corriente de aire puro de 5 l/m, comparar la concentración medida con real y calcular la recuperación por:

$$\% = (C1m/C1t) \quad X \quad 100$$

C1m=concentración de la especie 1ppm corregida por la dilución.
C1m = (1/DF) X C donde C es la concentración de la muestra ppm y DF es el factor de dilución S1/S2+S1 donde S1 ratio de flujo del gas trazador y S2 el flujo de aire insuflado.
C1t= concentración real de la especie.

3. Dependiendo del campo de la investigación se debe de realizar una calibración múltiple que incluya cero y tres concentraciones de escala para establecer la linealidad y preparar una curva para cada compuesto.

Para evitar interferencias de contaminantes cuando hay altos o bajos niveles de concentración la cámara deberá ser purgada entre muestras con aire de alta pureza, o bien cada seis horas se introducirá aire no viciado que permita la puesta a cero del sistema, que es comprobado midiendo con el analizador.

La transparencia de la cámara de insolación puede calentar el gas y la superficie debido al efecto invernadero. Este calentamiento derivado de la diferencia de temperatura con el exterior (la diferencia pasa de 9 °C en 30 minutos a 30 °C en 2,5 horas de tiempo de muestreo) se minimiza mediante la realización de pequeños tiempos de muestreado.

El efecto invernadero produce además condensaciones que hacen que las cantidades extraídas sean menores.

En superficies sólidas los ratios de emisión pueden ser suprimidos por los incrementos de la concentración de COVs en la cámara hasta un valor del 10% del equilibrio de la concentración de la fase de vapor. Esto puede evitarse aumentando el flujo impulsado. Se puede disponer de una superficie de teflón que haga de interface entre la cámara y el sólido en contacto.

d) Monitorización automática

Los equipos a utilizar deben ser calibrados. Así el de flujo en el rango de 2-10 l/m, el termopar con exactitud de +-1 °C, y los sensores.

Los analizadores utilizados para la medida en tiempo real suelen usarse para mediciones relativas (en las absolutas si se requieren medidas más precisas se aconseja tomar muestras determinadas). Se recomienda precisión de +-10% del valor a medir y un límite de detección de 1ppm.

Mientras en muestras los límites de detección serán más bajos; para análisis de laboratorio la precisión de la instrumentación será de +-30% y el límite de detección de 1 ppb y para en línea sobre la muestra de +-5% y 1 ppm respectivamente.

La calibración deber ser realizada adecuadamente con gases para el rango de medición (nivel máximo del aparato o esperado) con niveles de calibración altos (50%), bajos (0,01%) y cero. Se considera aceptable hasta +-20 % de la medida esperada, debiéndose recalibrar cuando las medidas no sean aceptables.

Cada día y como control de calidad se introducirá un gas como control de calidad del equipo. Si las desviaciones son mayores del 20% de la concentración certificada debería repetirse la prueba, y si esto persiste recalibrar.

Un aspecto importante es considerar que la respuesta del sensor de un compuesto viene interferida por otros, de forma que hay que conocer por las instrucciones del fabricante las respuestas relativas a otros compuestos.

También los sensores de ambiente atmosférico deben venir convenientemente calibrados.

5. <u>ANEXOS</u>

A.01.ITMA-02/01   Hoja de datos de campo

A.02.ITMA-02/02   Hoja de datos de zona

ANEXO 01. ITMA-02
HOJA DE DATOS DE CAMPO

Fecha		Muestra	
Localización			
Actividad			
Descripción superficie			

Hora	Caudal de flujo entrada o purga	tiempo resid.	temperatura	Humed.	Concentrac.	Concentrac.
			Superf.	Aire		

Observaciones

echa

Localización

Actividad

Descripción de la superficie

Punto	Muestra n°	Fecha	Concentración		Flujo de aire 1/m	Temperatura °C	Valor medio de emisión µg/ m2.m
			ppm	µg/l			

Observaciones

Variablidad			Variabilidad (punto de Control) Temporal	
Espacial	Media		Media	
	Desviación		Desviación	
	Coeficiente		Coeficiente	

7. OBJETIVOS

Entre los objetivos de la instrucción técnica se encuentran los siguientes:

➢ Proporcionar una metodología para la evaluación de los olores en el ambiente.
➢ Servir como referente para la monitorización de áreas donde existe un impacto medioambiental por olor.
➢ Como método de evaluación del impacto producido por nuevas prácticas o instalaciones en el foco de emisión.
➢ Como método de calibración de modelos de inmisiones atmosféricas de olores para una planta existente.
➢ Método de visualización del impacto medioambiental producido por olor obteniendo una fotografía de la concentración.

La medida de gases odoríferos en el ambiente es diferente de la realizada para otros gases habituales como polución atmosférica, dada su característica de mezcla compleja y niveles pequeños de concentración. Sin embargo, y dado el avance de los medios actuales, y la existencia del gas sulfhídrico como gas trazador en las instalaciones de depuración, se plantea la estimación de olores por medición en alta resolución del H2S.

Dependiendo del método se utiliza:
➢ Medida de celdas: se trata de la medida en los puntos de las esquinas de las celdas en las que se puede dividir el área a muestrear
➢ Medida de plumas: es la medida en la zona donde claramente es detectado el olor.

Dependiendo de la medida se usa:
➢ Medida sensorial: se establece una medida en función de la fracción de tiempo que el olor es reconocible.
➢ Medida de compuesto químico (H2S).

8. EJECUCIÓN

El método comprende las siguientes actividades:

❖ Planificación
❖ Toma de datos
❖ Procesado de datos y cálculos
❖ Interpretación

a) Planificación

Para realizar un mapa de olor son necesarios los siguientes equipos:

➤ Una planificación de los puntos a muestrear con un mapa del lugar a analizar.
➤ Un cronómetro.
➤ Un reloj.
➤ Un medidor de sulfhídrico o del compuesto a medir en alta resolución (ppb) portátil.
➤ Anemómetro para medir la velocidad del viento.
➤ Una brújula que de la dirección de ese viento.
➤ Un termómetro para medir la temperatura exterior.

Al comienzo y final del trabajo de medición se tomará nota de la velocidad, temperatura, dirección del viento y porcentaje cubierto del cielo (determina la estabilidad atmosférica). Asimismo el día, la hora de comienzo y de final de muestreo.

Todos los parámetros mencionados anteriormente junto con los resultados de las mediciones en el punto de muestreo se apuntan en la **hoja de datos ITMA 03/01** que posee el técnico.

b) Toma de datos

Como regla general los olores en el aire y el sulfuro de hidrógeno se miden a una altura de 1,5 – 2 m sobre el suelo y a una distancia de al menos 1,5 m desde los edificios.

Al comienzo debe tomarse en el punto más alejado de la planta, contrario a la dirección del viento, el valor de base del compuesto. De esta forma puede ser restado a todos los valores, corrigiendo errores que pudieran darse.

Consiste en tomar para cada punto de muestreo el sulfuro de hidrógeno y el olor. Así para obtener el valor de inmisión se anota el que aparece en la pantalla del medidor portátil cuando éste se haya estabilizado. Si varía entre distintos valores se toma su media. Puede considerarse la de tres lecturas, anotando el valor promedio.

La muestra de un punto debe realizarse en 10 minutos para tener un grado de confianza del 80 %, sin embargo puede utilizarse el periodo de 2 minutos con menor grado de fiabilidad.

Para anotar la medida de olor en un punto se puede proceder de dos formas, sobre la base de recoger el porcentaje de tiempo que está presente:

> ➤ El asesor recoge cada 10 segundos muestras determinando si huele o no, tomando la frecuencia como el número de respuestas positivas dividido por el número de muestras.
> ➤ El asesor recoge el porcentaje como el valor del total del tiempo que huele por el tiempo de la muestra.

El técnico debe percibir el olor en cada inhalación al respirar. Para considerar como positiva la medida debe reconocerlo claramente así como su calidad (se supone que todo el olor medido supera entonces su límite de reconocimiento). El límite de reconocimiento suele considerarse de tres a diez veces el valor de detección olfatométrico. Se puede especificar la hoja de datos como observación cuando no corresponde con el buscado como "otros olores".

c) Cálculos

Para cada punto simple de medida se obtiene el porcentaje de tiempo de olor que se halla en el ambiente, independientemente del método de muestreo que se haya usado para conseguirlo, mediante la siguiente ecuación:

$$\%UO = t / T$$

Donde:
%UO es el porcentaje de tiempo de olor
t es el tiempo durante el cual se reconoce que existe olor
T es el tiempo total que dura la medición

Para cada punto, el porcentaje de medidas positivas (porcentaje de "horas de olor"), con independencia del método, es calculado con la siguiente ecuación:

$$Hm = (Am/Wm) \times 100 \text{ en } \%$$

Donde:
Hm es la proporción de medidas positivas
Am es el número de medidas positivas
Wm es el número de medidas por punto de muestreo
m es el número de punto de muestreo

Tenemos que hallar la característica de olor ambiental que es la razón de medida positiva también llamada hora de olor, que representa el porcentaje de tiempo en el que el olor reconocido excede un porcentaje previamente definido (que en principio consideramos el 50%), y el número total de medidas del olor. Respecto a la base matemática de las medidas de un año, corresponde al porcentaje de horas en que el olor es claramente reconocible.

La proporción de medidas positivas (Hm) horas de olor en un punto de muestreo m es igual a la *característica ambiental de olor* (K_P) en ese punto.

La medida de *característica de olor ambiental* para cada cuadricula o celda (K_A) es obtenida tomando una media aritmética de los parámetros (Kp) de los puntos de medida en las esquinas de un cuadrado concreto (Fig. 1).

$$K_A = \sum_{i=1}^{4} Kp,i/4$$

Este valor se coloca en el centro de cada celda. Uniendo los valores iguales se crea el mapa de olor de la zona de estudio.

Para la medida de compuestos odoríferos como el sulfhídrico, se usan directamente los datos obtenidos en las mediciones. De esta forma es calculado el valor medio de la medición realizada para cada punto simple, lo que se une a otros del mismo valor para trazar el mapa de nivel.

En la medida de plumas (Fig. 2) los resultados son recogidos en la hoja de datos, junto a las condiciones atmosféricas. El resultado es la distribución del porcentaje de tiempo de olor como función de la localización del punto de medida con relación al foco emisor. No es solo considerar si huele o no sino valorar su intensidad lo que se puede realizar por la medida química de compuestos como el H2S.

Los mapas que se realicen relativos a H2S y olores bien por uno u otro procedimiento, constarán de referencias por colores o no del valor de la medida y unidad, distancias en la escala correspondiente, descripción de las instalaciones, fecha de realización del estudio, condiciones medias de temperatura y ambiente y velocidad y orientación del viento.

C1) Periodos de muestreo

Para hacer un seguimiento de una instalación en un año es necesaria la medida meteorológica en paralelo, a efectos de ser representativa de largos periodos. En este caso los resultados pueden ser extrapolados. También se puede utilizar como periodo el de 6 meses u otros en función del objetivo de la medida.

En cualquier caso hay que efectuar 26 medidas sobre un punto. Si se quiere que sean independientes es mejor realizarlas en diferentes días. En definitiva, la elección del día, hora y semana de la medida debe ser efectuada adecuadamente para que sea representativa del problema.

La muestra del día debe realizarse lo más rápido posible, aunque siempre es posible alguna medida más. Se estima que para 25-50 medidas de una a dos horas. Se pretende gozar de unas 100 medidas de un día para tener un índice de fiabilidad adecuado.

C2) Área de muestreo

El lugar de muestreo es la zona donde se van a realizar las mediciones. Antes de empezar a medir, el área de muestreo debe elegirse. Su forma y tamaño dependen del tipo de emisor que se encuentra en el área de inmisión a estudiar.

Las áreas de muestreo aconsejadas son las siguientes:

➢ Para un solo emisor, el área de muestreo es un círculo de diámetro adecuado centrado en el emisor.
➢ Para uno o más emisores en un área de impacto definida, por ejemplo un área residencial, el área de muestreo será el área de interés.
➢ Si se desea muestrear para obtener un mapa, el área de muestreo será el área del mapa, por ejemplo las instalaciones de una planta de depuración.

Una vez elegida el mismo para los puntos donde muestrear tenemos 2 métodos:

➢ La medida con celdas o en cuadricula
➢ La medida de la pluma

C1.2.1.) Medida en cuadrícula

Una vez elegido el área de muestreo, debemos dibujar encima una malla con puntos equidistantes. Así, se forman cuadrados que contienen en cada esquina los puntos donde se van a realizar la medición.

La distancia entre los puntos de medición (el espacio de celda) depende del objetivo de la medición. En esa distancia influye el tamaño del área de muestreo, comportamiento de los emisores. Es recomendable que la malla tenga un espacio de celda de 1000 m, 500 m, 250 m, o 100 m.

Para asegurarse que los puntos de muestreo son accesibles y para prevenir la distorsión de los resultados por el tráfico, y otros olores, la localización exacta del punto de medida puede trasladarse levemente. La distancia desde el punto de medida teórico no debe superar el 25% del espacio de malla.

En todos los puntos no se toman las mediciones el mismo día, sino que se dividen para cuatro días, de forma que en cada día o tiempo de muestreo se escoge uno de los vértices de la celda. Así, el primer día se toman las mediciones en el vértice superior izquierdo de cada celda, el segundo en el vértice superior derecho, el tercero en el vértice inferior derecho y el cuarto en el inferior izquierdo siguiendo la dirección de las agujas del reloj.

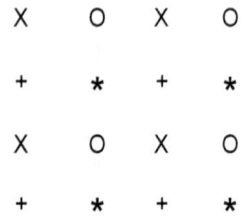

```
X   O   X   O

+   *   +   *

X   O   X   O

+   *   +   *
```

Fig. 1. Zonas

Ej: X 1° día; O 2° día; + 3° día; * 4° día

C1.2.2.) Medida de pluma

La extensión de la pluma de olor depende de las condiciones de operación de la fuente de emisión y de las condiciones de dispersión. Es el área en que el olor es claramente reconocido. Es también aplicable el concepto de característica de olor ambiental, de forma que delimita el contorno de la pluma. El eje de la pluma estará en línea recta a la dirección de la dispersión sobre el nivel de suelo. La dirección debe pues ser determinada previamente a la medida que se haga.

En primer lugar conviene tener una idea aproximada de la pluma antes de definir los puntos a medir. Un buen método consiste en andar a pié desde una gran distancia aguas abajo del viento en zigzag hasta la planta en dirección al foco que queremos medir. El operador se hará familiar al olor de la planta.

Fig. 2. Medida en pluma

La medida comprende al menos tres secciones transversales en la dirección de la corriente del viento. En cada sección deben ser valorados al menos cinco puntos de medida. No es esencial que las medidas sean equidistantes y en consecuencia a la misma distancia. La medida debe ser realizada línea a línea (Fig. 2).

Se puede tomar el dato de la medida cada 10 segundos en el intervalo de 10 minutos para cada punto de observación. En cada una de estas medidas el observador toma el dato del valor de la medida química en alta resolución (ppb) o bien el de intensidad del olor (0-5). Si durante la medida el viento o las condiciones climáticas cambian debe ser detenida la muestra.

Se puede deducir para cada punto un valor dado como media por el equipo o medida la frecuencia relativa en el intervalo de los 10 minutos (porcentaje de las 60 observaciones realizadas para un punto en los 10 minutos). La diferencia de los valores de las frecuencias dadas en % da el valor de % de olor claramente reconocible. La diferencia respecto al 100% da el tiempo libre de olor.

C3) <u>Monitores de H2S e interferencias</u>

La creación del mapa de H2S se realiza utilizando monitores de alta resolución (ppb). Los sensores utilizados detectan además de este compuesto otros como los mercaptanos, lo que no representa una desventaja ya que estos son también odoríferos. No todas las interferencias son debidas a este tipo de sustancias, también puede haber un nivel de base que puede variar desde 0,07 ppb para zonas rurales hasta 0,33 ppb en una zona de trafico.

d) Interpretación

Existen algunas consideraciones que son interesantes a realizar para hacer una buena valoración de los datos.

➢ Para la medida de pluma una limitación puede venir dada porque dos procesos en línea con la misma dirección tengan un nivel arriba de la dirección del viento alto de H2S. Se debe realizar de nuevo en condiciones normales.
➢ Solo es medida la magnitud sobre nivel de suelo por lo que es obviada la posibilidad de que la componente de dispersión vertical sea mayor que la horizontal.
➢ Cada mapa es específico para unas condiciones de funcionamiento de la planta y ambiente atmosférico.
➢ Los mapas ofrecen más detalle que los modelos de dispersión, ya que la medida es realizada en segundos durante una o dos horas para completar el mapa, lo que muestra mejor la variación de la fuente que el modelo de dispersión.
➢ Mientras que los modelos ofrecen una buena valoración de turbulencias provocadas por un edificio, no lo hacen de estructuras más pequeñas.
➢ Es difícil determinar la exactitud en términos de mg/s de H2S para las fuentes de los procesos de aguas residuales, valor que es fundamental para el modelo.
➢ La línea de la pluma raramente sigue una línea recta.
➢ Muchos modelos de dispersión están basados en medidas de concentraciones a largo plazo mientras que las concentraciones fluctúan significativamente a corto plazo.

9. NEXOS

A.01. ITMA-03/01 Hoja de datos de inmisiones

ANEXO 01. ITMA 03
HOJA DE DATOS DE INMISIONES

	HORA DE COMIENZO	HORA FINAL
DÍA		
TEMPERATURA AMBIENTE		
VELOCIDAD VIENTO		
DIRECCIÓN VIENTO		
% NUBLADO		
NIVEL DE BASE (ppb)		

PUNTO	H2S (ppb)	Olor (si/no)	Tiempo	PUNTO	H2S (ppb)	Olor (si/no)	Tiempo
1				19			
2				20			
3				21			
4				22			
5				23			
6				24			
7				25			
8				26			
9				27			
10				28			
11				29			
12				30			
13				31			
14				32			
15				33			
16				34			
17				35			
18				36			

Medidas de sulfuros disueltos